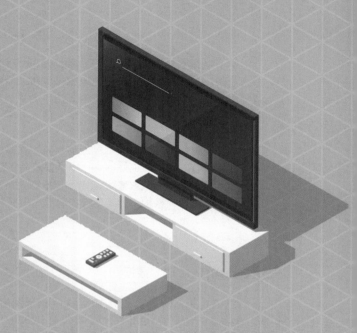

液晶彩色电视机
故障检测与维修
实践技能全图解

王红明◎编 著

中国铁道出版社有限公司
CHINA RAILWAY PUBLISHING HOUSE CO., LTD.

内 容 简 介

本书以指导初学者快速入门、步步提高、逐渐精通，以成为液晶彩色电视机维修的行家里手为目的，系统讲解了液晶彩色电视机电路元器件的基本知识和好坏检测方法、开关电源电路故障维修方法、背光电路故障维修方法、电视信号接收电路故障维修方法、主处理电路故障维修方法、音频处理电路故障维修方法、液晶屏驱动电路故障维修方法、接口电路故障维修方法等内容。

本书强调动手能力和实用技能的培养，在讲解上使用了功能原理＋检测方法＋维修实践的教学方法，有助于读者更好、更快地掌握液晶彩色电视机的维修技术，并增加实践经验。

本书可作为电子爱好者、家电维护维修人员，以及从事专业液晶彩色电视机维修的人员使用，也可作为培训机构、技工学校、职业高中和职业院校的参考教材。

图书在版编目（CIP）数据

液晶彩色电视机故障检测与维修实践技能全图解／王红明编著 ． —北京：中国铁道出版社有限公司 ,2020.1
  ISBN 978-7-113-26454-3

Ⅰ.①液⋯ Ⅱ.①王⋯ Ⅲ.①液晶电视机－彩色电视机－维修－图解 Ⅳ.① TN949.192-64

中国版本图书馆 CIP 数据核字 (2019) 第 270607 号

书　　名：**液晶彩色电视机故障检测与维修实践技能全图解**
　　　　　YEJING CAISE DIANSHIJI GUZHANG JIANCE YU WEIXIU SHIJIAN JINENG QUANTUJIE
作　　者：王红明

责任编辑：荆　波　　　　　　　　　读者热线：010-63560056
责任印制：赵星辰　　　　　　　　　封面设计：高博越

出版发行：中国铁道出版社有限公司（100054，北京市西城区右安门西街 8 号）
印　　刷：中煤（北京）印务有限公司
版　　次：2020 年 1 月第 1 版　 2020 年 1 月第 1 次印刷
开　　本：787 mm×1 092 mm　1/16　印张：20.25　字数：492 千
书　　号：ISBN 978-7-113-26454-3
定　　价：69.00 元

前言

一、为什么写这本书

如今液晶彩色电视机已经是电视机市场的主流产品，在对电视机的维修中，液晶彩色电视机维修已经占据了绝大部分的产品。由于有非常复杂的电子系统，它的故障原因涉及的面很广，初学者对于诸多电子元器件和复杂的电路结构总有一种望而生畏的感觉，很难去理解其规律性。因此要掌握液晶彩色电视机的维修技术，就需要先系统地掌握液晶彩色电视机中各个单元电路的运行原理，然后总结液晶彩色电视机常见的故障维修方法，故障测试点及典型故障维修实例，之后会发现液晶彩色电视机维修的规律是如此简单。

本书以指导初学者快速入门、步步提高、逐渐精通，以成为液晶彩色电视机维修的行家里手为目的，系统讲解了液晶彩色电视机电路元器件的基本知识和好坏检测方法、开关电源电路故障维修方法、背光电路故障维修方法、电视信号接收电路故障维修方法、主处理电路故障维修方法、音频处理电路故障维修方法、液晶屏驱动电路故障维修方法、接口电路故障维修方法等内容。

本书的一个特色是：图文并茂，用图解的方式，手把手地教你测量液晶彩色电视机中各个单元的电路。

在维修液晶彩色电视机故障时，首先需要维修人员掌握基本的电路好坏检测方法，才有可能快速准确地判断故障原因，找到排除方法。本书对液晶彩色电视机的维修知识进行了系统的归纳总结，总结了各种电子元器件的好坏检测方法、各个单元电路的组成结构、工作原理、维修流程、常见故障分析及维修方法等。

本书强调动手能力和实用技能的培养，手把手地教你测量关键电路的方法，同时总结了各个电路中易坏元器件的检测方法，使用户快速掌握液晶彩色电视机维修检测技术，增强读者的实战维修能力。

二、全书学习地图

本书共分为三篇，第一篇首先介绍液晶彩色电视机各个电路的运行原理；第二篇主要讲解液晶彩色电视机维修基础（包括液晶彩色电视机电路图读图方法、液晶彩色电视机电子元器件检测维修方法、液晶彩色电视机故障维修方法等）；第三篇主要讲解如何维修液晶彩色电视机的故障（包括液晶彩色电视机关键测试点总结，液晶彩色电视机各电路常见故障维修方法，液晶彩色电视机常见故障维修方法、液晶彩色电视机典型故障维修实例等）。

三、本书特色

1．图解丰富，一目了然

本书的一大特点就是：采用图解的方式，图文并茂，手把手地教你测量液晶彩色电视机中各个单元电路。让你边看边学，快速成为一个维修高手。

2．内容全面

本书讲解了各种电路维修的基本技能，涉及的内容包括电路元器件好坏的检测方法、单元电路的运行原理、单元电路维修流程、常见故障维修方法、故障关键测试点、典型故障维修实战等内容。

3．实战性强

本书不但总结了常见元器件好坏的检测方法，液晶彩色电视机各个电路故障维修方法等，而且还总结发生故障的元器件及芯片故障检测维修方法等。另外，针对具体的芯片还总结了此芯片故障检测和诊断方法步骤。

四、适合阅读本书的读者

本书采用大量检修实物图和应用电路图，能够使初学者更容易地理解和掌握液晶彩色电视机维修检测方法。本书可作为电子爱好者、家电维修人员，以及专门从事液晶彩色电视机维修的人员使用，也可作为培训机构、技工学校、职业高中和职业院校的参考教材。

五、本书作者团队

除署名作者外，参与本书编写的人员还有韩海英、付新起、韩佶洋、多国华、多国明、李传波、杨辉、连俊英、孙丽萍、张军、刘继任、齐叶红、刘冲、多孟琦、王伟伟、田宏强、王红丽、高红军、马广明、丁兰凤等。

由于作者水平有限，书中难免有疏漏和不足之处，恳请业界同人及读者朋友提出宝贵意见和真诚地批评。

六、感谢

一本书的出版，从选题到出版，要经历很多环节，在此感谢中国铁道出版社有限公司以及负责本书的荆波编辑和其他未曾谋面的编辑，不辞辛苦，为本书出版所做的大量工作。

编　者

2019年10月

目录

第二篇　液晶彩色电视机基本维修技能

第14章　液晶彩色电视机故障维修实践 273

第 1 章
液晶彩色电视机维修基本知识

当前科学技术高速发展，电子计算机也不断向前发展，显示屏也随着发展而不断更新。

显示屏的发展走到目前，从单色到彩色、从模糊到清晰、从小到大，经历了很多的变化。各个厂商不断改进和完善显示屏的生产技术，以求其产品能够满足消费者日趋变化的消费心理。于是，显示屏走过了球面显像管、平面直角显像管等时代，逐步发展到了现在的液晶显示屏时代。

液晶显示屏，又被称作LCD（Liquid Crystal Display），它是一种平面超薄的显示设备，它采用液晶作为制作材料，使显示屏的清晰度、色度和亮度等指标相比CRT等老式显示屏有了很大的提高，也是因为这些优点，液晶显示屏得到了迅速的发展。

1.1 掌握液晶显示屏的组成结构

1.1.1 了解液晶的基本知识

1. 什么是液晶

液晶，就是液态晶体，是介于固态和液态之间的，具有晶体光学性能和液态流动性的一种物质，它是相态的一种，因为它具有黏性、弹性和极化性的特点，于20世纪中期开始被广泛应用于轻薄型的显示技术上。

所谓相态就是自然物质存在的状态，例如我们说的固态、气态和液态，液晶作为相态的一种，要具有特殊形状分子组合时才会产生。现在的液晶的组成物质是一种有机化合物，它同时具有两种物质的液晶，是以分子间力量组合而成的，因为它的特殊光学性质以及对电磁场的强度敏感，极具使用价值。

液晶作为显示材料目前最常见的用途就是用于电子表和计算器的显示板。如图1-1 所示为常见液晶材料

2. 液晶的特性

当通电时，液晶排列有序，此时就会使光线很容易通过；不通电时液晶排列混乱，此时阻止光线通过。在液晶显示屏中，液晶面板包含两片相当精致的无钠玻璃素材，中间夹着一层液晶，当光束通过这层液晶时，液晶本身会一排排站立或扭转呈不规则状态，因而阻隔或使光束顺利通过。光束的通过与阻隔表现为明暗的变化，于是人们通过对电场的控制最终控制光线的明暗变化，从而达到显示图像的目的。

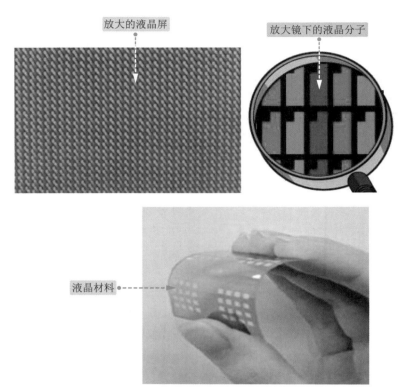

图1-1 液晶材料

大多数液晶都属于有机复合物，由长棒状的分子构成，如图1-2所示。在自然状态下，这些长棒状分子的长轴大致平行。将液晶倒入一个经过精良加工的开槽平面，液晶分子会顺着槽排列，所以假如那些槽非常平行，则各分子也是平行的。

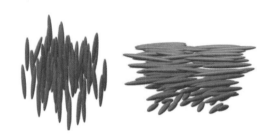

图1-2 液晶分子

1.1.2 液晶彩色电视机面板分类

生产液晶面板的厂商主要有三星、LG-Philips、IVT、友达、京东方、华星光电等，由于各家技术水平的差异，生产的液晶面板也大致分为几种不同的类型。常见的有TN面板、VA面板、IPS面板以及CPA面板。

（1）TN面板

TN全称为TwistedNematic（扭曲向列型）面板，低廉的生产成本使TN成为应用最为广泛的入门级液晶面板，在目前市面上主流的中低端液晶彩色电视机中被广泛使用。如图1-3所示。

（2）VA类面板

VA类面板是现在高端液晶应用较多的面板类型，属于广视角面板。和TN面板相比，8bit的面板可以提供16.7M色彩和大可视角度是该类面板定位高端的资本。VA类面板又可分为由富士通主导的MVA面板和由三星开发的PVA面板，其中后者是前者的继承和改良。如图1-4所示。

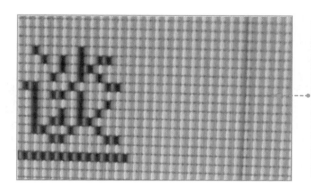

TN面板的优点是由于输出灰阶级数较少，液晶分子偏转速度快，响应时间容易提高，目前市场上8ms以下液晶产品基本采用的是TN面板。另外三星还开发出一种B-TN（Best-TN）面板，它其实是TN面板的一种改良型，主要为了平衡TN面板高速响应必须牺牲画质的矛盾。同时对比度可达700:1，已经可以和MVA或者早期PVA的面板相接近了。TN面板属于软屏，用手轻划会出现类似水纹的痕迹

图1-3 TN面板

VA类面板的正面（正视）对比度最高，但是屏幕的均匀度不够好，往往会发生颜色漂移。锐利的文本是它的撒手锏，黑白对比度相当高

图1-4 VA类面板

（3）IPS面板

IPS面板的优势是可视角度高、响应速度快，色彩还原准确，价格便宜。不过缺点是漏光问题比较严重，黑色纯度不够，要比PVA稍差，因此需要依靠光学膜的补偿来实现更好的黑色。如图1-5所示。

目前IPS面板主要由LG-Philips生产。和其他类型的面板相比，IPS面板的屏幕较"硬"，用手轻轻划一下不容易出现水纹样变形，因此又有硬屏之称。仔细看屏幕时，如果看到的是方向朝左的鱼鳞状像素，加上硬屏的话，那么就可以确定是IPS面板了

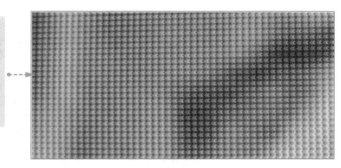

图1-5 IPS面板

（4）CPA面板（ASV面板）

CPA面板严格来说也属于VA面板中的一员，各液晶分子朝着中心电极呈放射的焰火状排列。由于像素电极上的电场是连续变化的，所以这种广视角模式被称为"连续焰火状排列"模式。如图1-6所示。

CPA面板由"液晶之父"夏普主推，这里需要注意的是，夏普一向所宣传的ASV其实并不是指某一种特定的广视角技术，它把所采用过TN+Film、VA、CPA广视角技术的产品统称为ASV。其实只有CPA模式才是夏普自己创造并倡导的广视角技术，该模式的产品与MVA和PVA基本相当

图1-6　CPA面板

1.2　液晶彩色电视机的组成结构

1.2.1　整体构成

从外观看，液晶彩色电视机主要包括外壳、液晶显示屏、功能按钮、支架及音箱等，如图1-7所示为液晶彩色电视机外部结构。

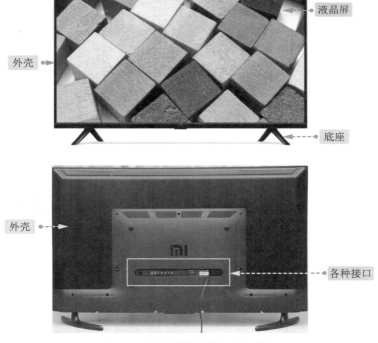

液晶屏

外壳

底座

外壳

各种接口

图1-7　液晶彩色电视机外部结构

打开液晶彩色电视机的外壳，可以看到液晶彩色电视机的内部结构，如图1-8所示。液晶彩色电视机的内部主要包括主处理电路板、电源电路板（有的电视还包括高压电源电路板）、按键电路板、液晶显示屏控制驱动电路和背光灯等部分。

小知识：液晶彩色电视机内部的电路板根据厂家不同，又分为多种情况。第一种情况的液晶彩色电视机的电路板包括：液晶彩色电视机包括开关电源板、电视信号处理电路板、数字信号处理电路板、背光高压电路板。第二种情况的液晶彩色电视机电路板包括：电视信号处理和数字信号处理二合一电路板、开关电源电路板、背光高压电路板；第三种情况的液晶彩色电视机电路板包括：电视信号处理和数字信号处理二合一电路板、开关电源电路和背光高压电路二合一电路板。

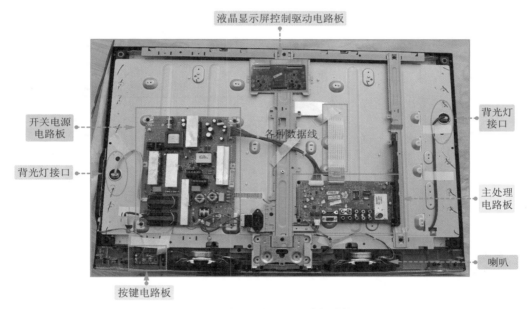

图1-8　液晶彩色电视机内部结构

1.2.2　电路构成

液晶彩色电视机主要由液晶显示屏和电路板组成，其中电路板中包含很多单元电路，这些单元电路一般都不是独立存在的。在工作时，它们之间会相互传输信号并联系在一起。

液晶彩色电视机的电路主要包括：电视信号接收电路、主处理电路（视频信号解码电路、数字图像信号处理电路、系统控制电路）、音频处理电路、接口电路、液晶显示屏控制驱动电路、开关电源电路、高压电源电路等。

1. 电视信号接收电路

液晶彩色电视机高、中频处理电路也称为高频头，它主要包括调谐器和中频电路两部分。其中，调频器用于接收外部天线信号或有线电视信号，进行处理后输出中频信号；中频电路的主要作用是将调频器输出的中频信号进行视频检波和伴音解调后输出视频图像信号和第二伴音中频信号。如图1-9所示。

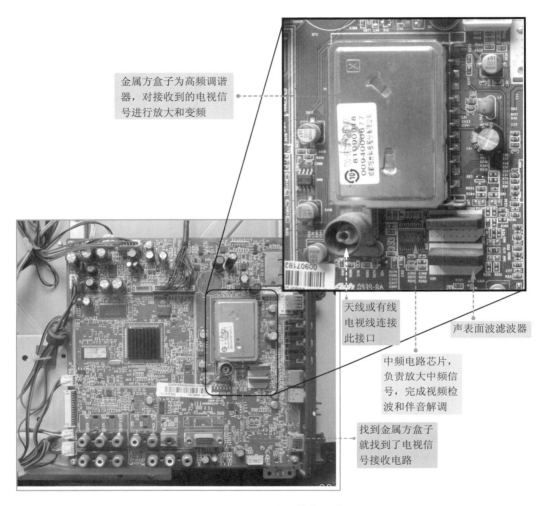

金属方盒子为高频调谐器,对接收到的电视信号进行放大和变频

天线或有线电视线连接此接口

声表面波滤波器

中频电路芯片,负责放大中频信号,完成视频检波和伴音解调

找到金属方盒子就找到了电视信号接收电路

图1-9　电视信号接收电路

2. 主处理电路

液晶彩色电视机电视主处理电路在液晶彩色电视机的主控电路板中,由于目前芯片的集成度越来越高,大部分液晶彩色电视机都将视频解码电路、数字图像信号处理电路、系统控制电路等集成到一起,我们就称它为主处理电路芯片。如图1-10所示。

（1）视频信号解码电路

视频信号解码电路的主要作用是将高、中频处理电路或接口电路输入的模拟视频图像信号进行解码处理,变为亮度和色差信号或者是数字视频信号后再输出。视频解码可分为模拟解码和数字解码两种类型。大多数液晶彩色电视机采用数字化解码芯片（如SAA7114等）进行解码,视频信号的处理过程是：从中频处理电路来的图像信号先进行A/D转换,进行数字解码,产生数字亮度和色差信号或数字亮度和色差分量信号,然后输出到下一级电路进行处理。

（2）数字图像信号处理电路

数字图像信号处理电路用于进行数字图像处理、输出数字视频信号,并驱动液晶显示屏工作。除此之外，具有多个输入信号接口，可接收外部视频设备的AV信号、S-视频信号和YPbPr分量视频信号等。

（3）系统控制电路

系统控制电路主要包括MCU（微处理器）、存储器等，是液晶彩色电视机的控制核心，液晶彩色电视机的动作都是由电路进行控制。其中MCU用来对接收按键信号、遥控信号进行处理，然后再对相关电路进行控制，以完成指定的功能操作。

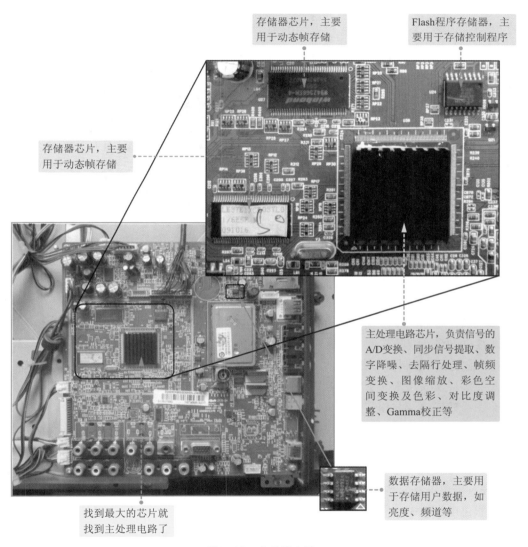

图1-10 主处理电路

3. 音频处理电路

音频处理电路的主要作用是将接收到第二伴音中频信号进行解调、音效处理、功率放大等处理，输出多组音频信号，推动扬声器发声。音频处理电路一般由音频信号处理电路和音频功率放大器电路组成。如图1-11所示。

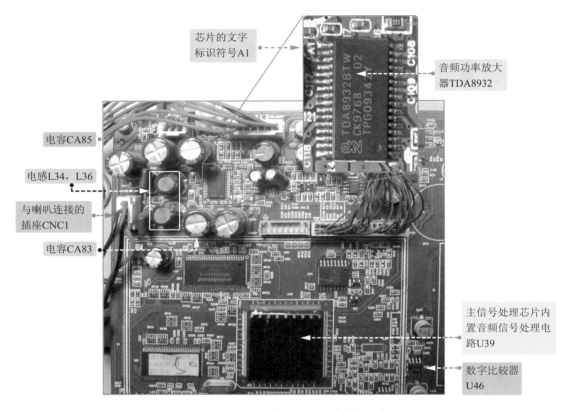

图1-11　液晶彩色电视机中的音频电路

4. 接口电路

接口电路主要是用来连接外部设备，液晶彩色电视机的接口电路包括各种接口和接口的外围电路。接口电路是液晶彩色电视机和外部设备之间进行联系的信号通道。如图1-12所示。

5. 液晶显示屏控制驱动电路

液晶显示屏主要用来显示电视画面，驱动电路的主要作用是接收来自数字图像信号处理电路输出的图像数据信号及相关的同步信号，并将这些分配给液晶显示屏的驱动端。驱动电路主要包括驱动IC和时序控制IC。时序控制IC负责决定像素显现的顺序与时机，并将信号传输给驱动IC，其中纵向的驱动IC负责视频信号的写入，横向的驱动IC控制液晶显示屏上晶体管的开/关。如图1-13所示。

6. 开关电源电路

液晶彩色电视机中的开关电源电路负责将220V交流市电转换成5V、12V、24V、125V左右等直流电压，为散热风扇、DC/DC电路（控制电路中的供电电路）、LED背光灯或高压电路提供电源。如图1-14所示。

7. 高压电源电路

高压板电路也被称为逆变电路（目前主流液晶彩色电视机已经不采用此供电电路），它的主要作用是将开关电源电路输出的12V直流电压转变为背光源驱动电路所需要的高压交流电，通常为600～1800V。点亮液晶面板中的CCFL或EEFL背光灯。如图1-15所示。

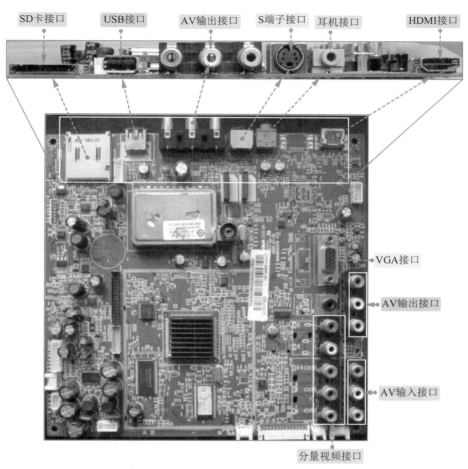

图1-12 接口电路

图1-13 显示屏控制驱动电路组成框图

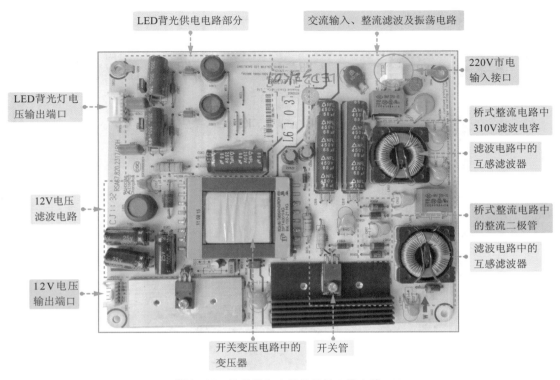

LED背光供电电路部分

交流输入、整流滤波及振荡电路

220V市电
输入接口

LED背光灯电
压输出端口

桥式整流电路中
310V滤波电容

滤波电路中的
互感滤波器

12V电压
滤波电路

桥式整流电路中
的整流二极管

滤波电路中的
互感滤波器

12V电压
输出端口

开关变压电路中的
变压器

开关管

图1-14　液晶彩色电视机开关电源电路

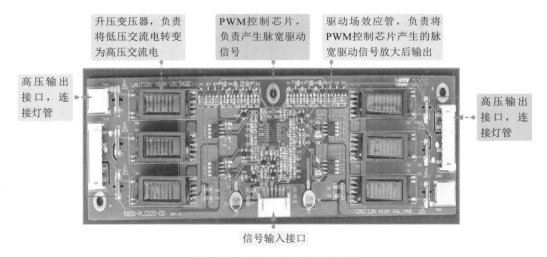

升压变压器，负责
将低压交流电转变
为高压交流电

PWM控制芯片，
负责产生脉宽驱动
信号

驱动场效应管，负责将
PWM控制芯片产生的脉
宽驱动信号放大后输出

高压输出
接口，连
接灯管

高压输出
接口，连
接灯管

信号输入接口

图1-15　液晶彩色电视机高压板

1.3　液晶彩色电视机中的信号

在液晶彩色电视机中的信号主要包括：供电信号、控制信号、视频图像信号、音频信号等。液晶彩色电视机中的信号传输通道大致也是分为这四类。

1.3.1　液晶彩色电视机中的供电信号

供电信号是液晶彩色电视机工作的基本条件之一，可以说供电信号是液晶彩色电视机的最基本的驱动源泉。液晶彩色电视机一般都采用开关电源电路进行供电，开关电源电路将220V交流电经过杂波滤波电路、整流滤波、开关振荡、变压器变压、稳压处理后，输出12V直流电压信号。然后经过DC/DC直流电源电路处理后，为驱动控制电路等电路提供5V、3.3V、2.5V等直流电压信号，为各个电路供电。另外，开关电源电路输出的125V左右的直流电压经过滤波电路处理后，输出给LED背光灯，驱动背光灯。

液晶彩色电视机中的供电信号处理过程如图1-16所示。

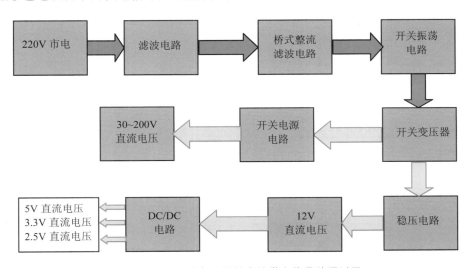

图1-16　液晶彩色电视机中的供电信号处理过程

1.3.2　液晶彩色电视机中的控制信号

控制信号是液晶彩色电视机中的核心信号，它由整机的控制中心MCU（微处理器）发出。MCU为液晶彩色电视机中的各种集成电路提供I²C总线数据和时钟信号，控制信号就包含在总线数据中。如图1-17所示为控制信号处理过程。

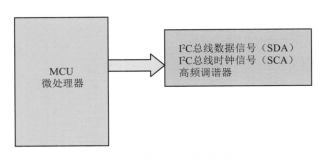

图1-17　控制信号处理过程

1.3.3 　液晶彩色电视机中的视频图像信号

　　视频图像信号是液晶彩色电视机为用户呈现电视节目的重要信号之一。液晶彩色电视机中的视频图像信号输入方式有很多种，如高频头接收的电视视频信号，AV接口、YPbPr分量视频输入接口、S端子接口、VGA接口及DVI接口等输入的视频图像信号等。这些视频图像信号被直接送入数字信号处理电路进行视频解码、去交织处理、图像缩放处理、彩色图像处理、字符混合处理后输出LVDS信号，然后驱动液晶显示屏显示图像。如图1-18所示为信号处理过程。

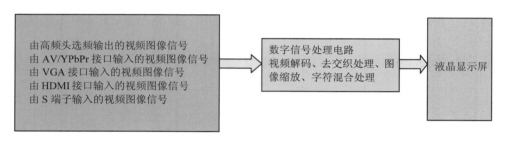

图1-18　视频图像信号处理过程

1.3.4 　液晶彩色电视机中的音频信号

　　音频信号是液晶彩色电视机中的重要信号之一，液晶彩色电视机中的音频信号主要来自AV/YPbPr接口，或VGA接口，或HDMI接口，或高频头处理后调解输出，然后经过数字信号处理电路中的音频处理电路处理输出，驱动扬声器发声。如图1-19所示为音频信号处理过程。

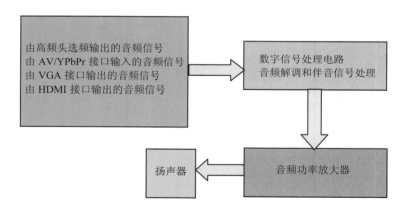

图1-19　音频信号处理过程

第 2 章

液晶彩色电视机开关电源电路运行原理详解

开关电源是液晶彩色电视机中的重要电路，也是故障率较高的一个电路，掌握好此电路的运行原理，才能掌握此电路故障的维修方法。

2.1 看图识别液晶彩色电视机中的开关电源电路

2.1.1 看图识别液晶彩色电视机中的供电电路

液晶彩色电视机的供电电路主要是将220V交流电转换为24V、18V、12V、5V、3.3V、2.5V、1.8V、–5V等直流电压及600V~1800V高压交流电（CCFL灯管等），或30V~200V直流电压（LED背光）的供电电路。液晶彩色电视机中的供电电路主要包括开关电源电路（交流/直流转换电路）、DC/DC电源电路（直流/直流转换电路）、液晶屏供电电路和高压电源电路（直流/交流）等。如图2-1所示。

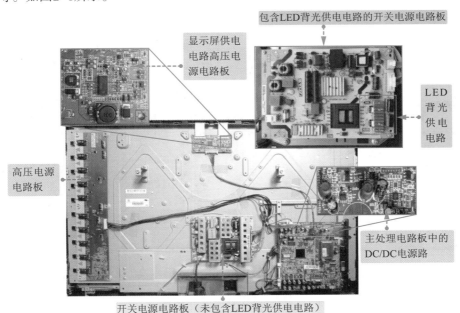

图2-1 液晶彩色电视机中的供电电路

其中，开关电源电路主要负责将220V市电转换为5V、12V、24V、30~200V（LED背光电压）等直流电压；DC/DC电源电路主要负责将开关电源电路输出的直流电压转换为主处理电路需要的−5V、1.8V、3.3V、5V、18V、32V等直流电压；高压电源电路主要负责将开关电源电路输出的12V电压转换为背光灯管需要的600~1800V高压交流电。如图2-2所示为液晶彩色电视机的供电电路框图。

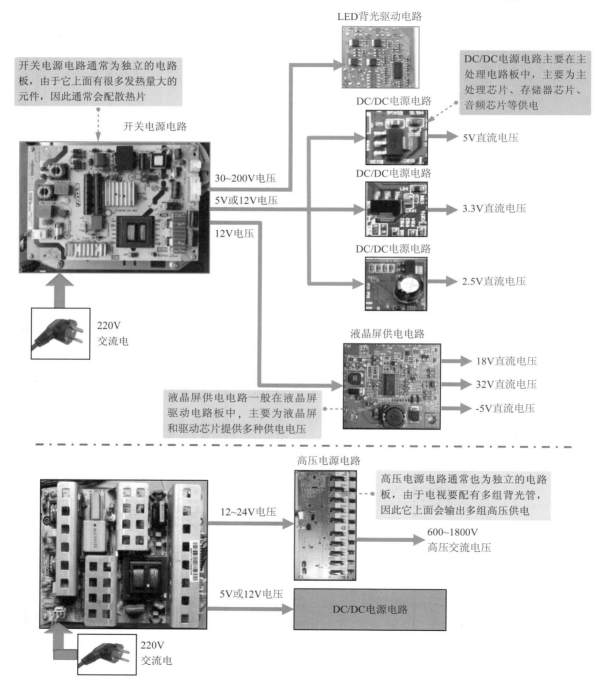

图2-2　液晶彩色电视机供电电路框图

2.1.2 看图识别液晶彩色电视机中的开关电源电路

液晶彩色电视机开关电源电路的功能主要是将220V市电经过滤波、整流、降压和稳压后输出一路或多路低压直流电压，从外观看，开关电源电路一般位于液晶彩色电视机的中间，电路板上通常加有散热片，如图2-3所示为液晶彩色电视机开关电源电路。

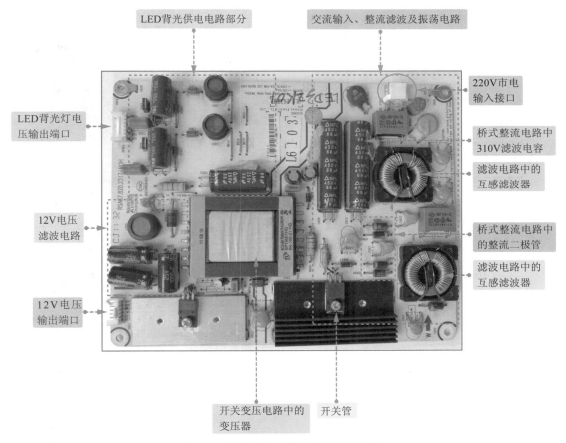

LED背光供电电路部分

交流输入、整流滤波及振荡电路

LED背光灯电压输出端口

12V电压滤波电路

12V电压输出端口

220V市电输入接口

桥式整流电路中310V滤波电容

滤波电路中的互感滤波器

桥式整流电路中的整流二极管

滤波电路中的互感滤波器

开关变压电路中的变压器

开关管

图2-3 液晶彩色电视机开关电源电路

2.1.3 看图认识电路图中的开关电源电路

如图2-4所示为电路图中的开关电源电路图。图中由4个整流二极管组成的正方形电路元件是整流堆（BD901），L903和IC902为PFC电路中的主要元器件，IC901、Q919、Q920为开关振荡电路中的主要元器件，T905为主开关变压器，T904为副开关变压器，D928、D901、D902、IC909、L909、L906及相关电容等为次级整流滤波电路中的主要元器件，IC910、IC914、IC913为稳压保护电路中的主要元器件。

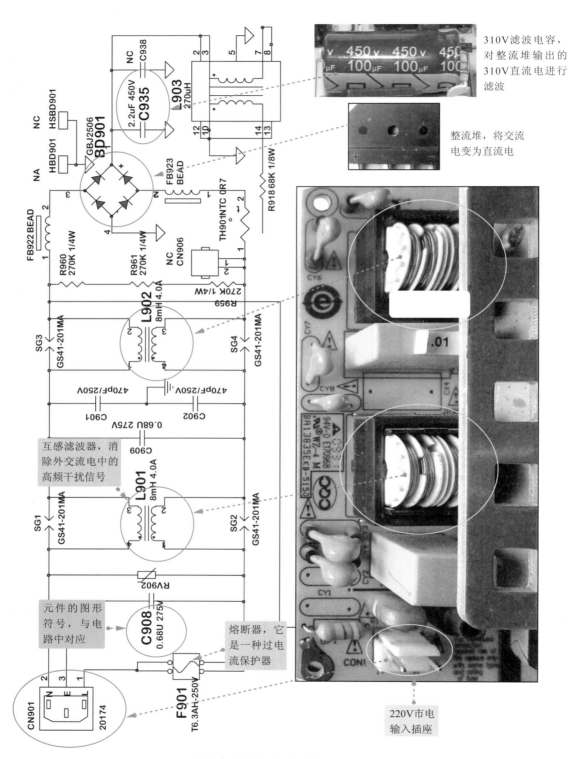

310V滤波电容，对整流堆输出的310V直流电进行滤波

整流堆，将交流电变为直流电

互感滤波器，消除外交流电中的高频干扰信号

元件的图形符号，与电路中对应

熔断器，它是一种过电流保护器

220V市电输入插座

（a）交流滤波电路和桥式整流滤波电路图

图2-4 液晶彩色电视机电源电路框图

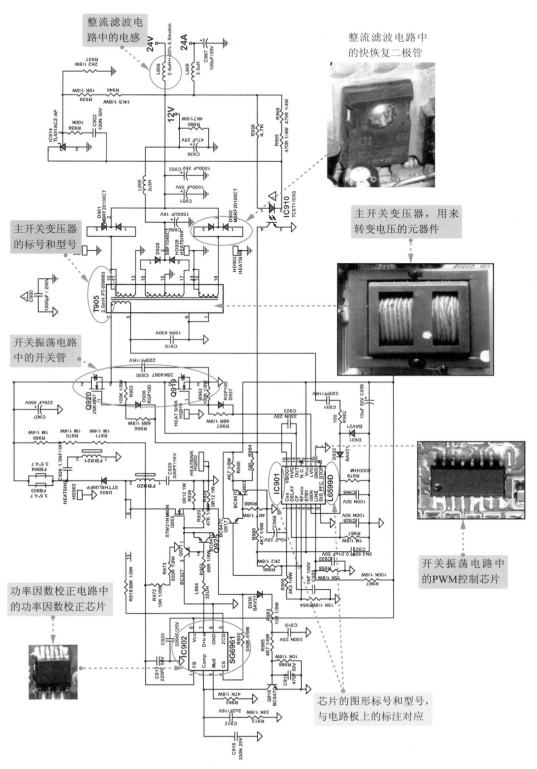

（b）开关振荡电路和整流滤波电路图

图2-4　液晶彩色电视机电源电路框图（续）

2.2 开关电源电路的组成结构

2.2.1 电源电路的组成结构

从电路结构上来看，液晶彩色电视机开关电源电路主要由交流滤波电路、桥式整流滤波电路、PFC电路（功率因数校正电路）、主开关振荡电路、主开关变压器、副开关振荡电路、副开关变压器、次级整流滤波电路、稳压控制电路等组成。如图2-5所示为开关电源电路的组成框图。

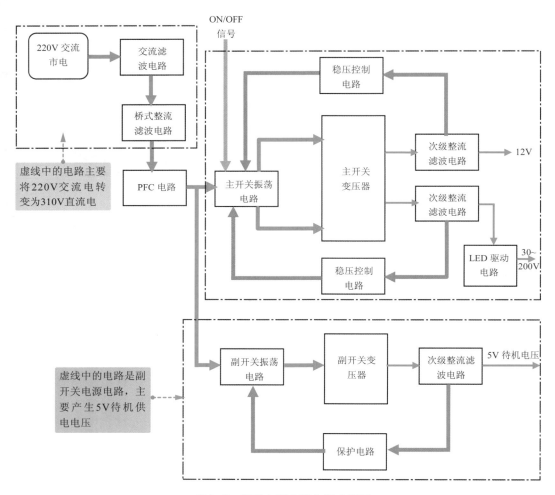

图2-5 开关电源电路的组成框图

2.2.2 交流滤波电路

交流输入滤波电路，在液晶彩色电视机开关电源电路中的作用是过滤外接市电中的高频干扰，避免市电电网中的高频干扰影响电视机的正常工作，另外交流输入电路还起到过流保护和过压保护的作用。

我们知道市电220V是交流电压，交流电中有很大的噪声，而噪声的产生主要有两种，一种是因为防止绝缘损坏造成设备带电危及人身安全而设置接地线产生的，叫作共态噪声；另一种是因为交流电源线之间因为电磁力而相互影响产生的噪声，叫作正态噪声。而液晶彩色电视机交流输入滤波电路能够有效地滤除电流中的噪声，以便使电视机电路正常工作。

液晶彩色电视机交流输入滤波电路主要由电源输入接口、熔断器、压敏电阻、滤波电容、互感滤波电感等组成。如图2-6所示为液晶彩色电视机中的交流输入滤波电路。

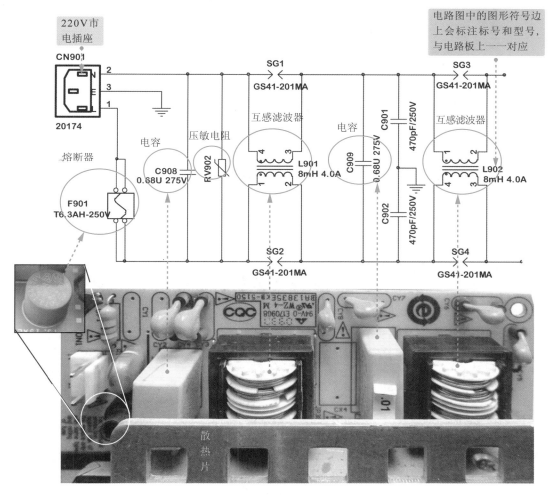

图2-6　液晶彩色电视机中的交流输入滤波电路

（1）熔断器

熔断器也被称为熔断器，它是一种安装在电路中，保证电路安全运行的电器元件。熔断器是一种过电流保护器。熔断器主要由熔体和熔管以及外加填料等部分组成。使用时，将熔断器串联于被保护电路中，当被保护电路的电流超过规定值并经过一定时间后，由熔体自身产生的热量熔断熔体，使电路断开，从而起到保护的作用。

在开关电路中，主要进行短路保护或严重过载保护。当液晶彩色电视机电路发生故障后，电路中的电流会不断升高，损坏电路中的某些重要元器件或电路。为了保护这些重要元器件和电路，在电路中的电流异常升高到一定的强度时，熔断器自动熔断切断电流，从而起到保护电路的作用。在液晶彩色电视机中熔断器有长形的也有圆形的，而且通常用字母"F"表示熔断器。如图2-7所示。

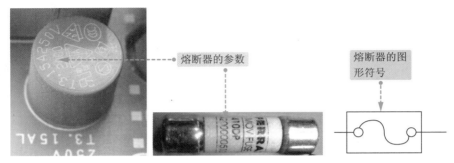

图2-7　熔断器及电路中的符号

（2）互感滤波电感

在开关电源电路中，为了消除交流电中的高频干扰信号，进入液晶彩色电视机的开关电源电路，同时也防止开关电源的脉冲信号不会对其他电子设备造成干扰，通常会使用一个特殊的电感——互感滤波电感进行滤波。互感滤波电感由4组线圈对称绕制而成，其工作原理与变压器类似。如图2-8所示。

  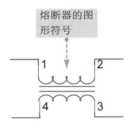

图2-8　互感滤波电感及符号

（3）压敏电阻

压敏电阻是一种以氧化锌为主要成分的金属氧化物半导体非线性电阻元件；电阻对电压较敏感，当电压达到一定数值时，电阻迅速导通。

压敏电阻一般并联在电路中使用，当电阻两端的电压发生变化并超出额定值时，电阻内阻急剧变小，呈现短路状态，将串连在电路上的电流熔断器熔断，起到保护电路的作用。压敏电阻在电路中常用于电源过压保护和稳压。如图2-9所示为开关电源电路中的压敏电阻。

（4）EMI滤波电路

EMI滤波电路用来过滤掉交流电网中的高频脉冲信号，防止电网中的高频脉冲信号对开关电源电路的干扰，同时也起到减少开关电源电路本身对外界的电磁干扰。

EMI滤波电路实际上是利电感和电容的特性，使频率为50Hz左右的交流电可以顺利通过滤波器，但高于50Hz以上的高频干扰杂波被滤波器滤除，因此它又有另外一种名称，将EMI滤波器称为低通滤波器（彩电上的称法），其意义为低频可以通过，而高频则被滤除。

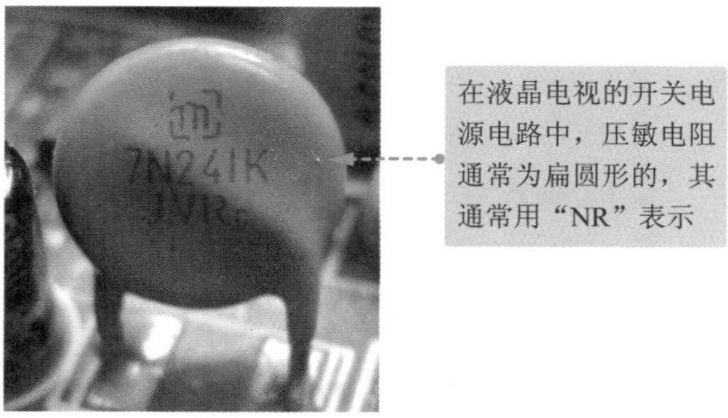

在液晶电视的开关电源电路中，压敏电阻通常为扁圆形的，其通常用"NR"表示

图2-9 压敏电阻器

2.2.3 桥式整流滤波电路

桥式整流滤波电路主要负责将经过滤波后的220V交流电进行全波整流，转变为直流电压，然后再经过滤波后将电压变为市电电压的$\sqrt{2}$倍，即310V直流电压。

开关电源电路中的桥式整流滤波电路主要由桥式整流堆、高压滤波电容等组成，如图2-10所示。

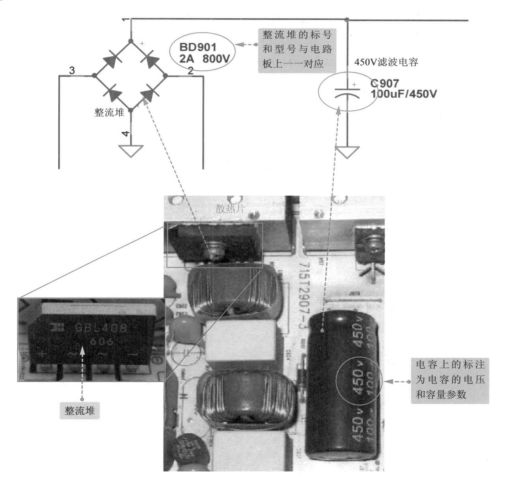

图2-10 桥式整流堆电路

图中BD901即是由4个二极管组成的桥式整流堆，C907为高压滤波电容，它们组成了桥式整流滤波电路。桥式整流滤波电路的工作特点是脉冲小、电源利用率高。当220V交流电进入桥式整流堆后，220V交流电进行全部整流，之后转变为310V左右的直流电压输出。

（1）桥式整流堆

桥式整流堆的主要作用是将220V交流电压整流输出约为310V的直流电压。桥式整流堆的内部是由4只二极管构成的，可通过检测每只二极管的正、反向阻值来判断其是否正常。如图2-11所示为桥式整流堆及其内部结构图。

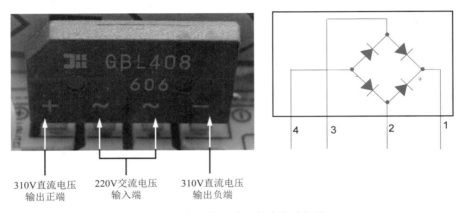

310V直流电压   220V交流电压   310V直流电压
输出正端   输入端   输出负端

图2-11　桥式整流堆及其内部结构图

如图2-11中的桥式整流堆的4个针脚中，中间2个针脚为交流电压输入端，两边2个针脚为直流电压输出端。在进行故障检测时，测量直流输出电压应测量两边的正端和负端。

（2）310V滤波电容

310V滤波电容主要用于对桥式整流堆送来的310V直流电压进行滤波，滤波后输出310V左右的直流电压。310V滤波电容非常好识别，它是开关电源电路板中个头最大的电容。如图2-12所示。在测量电容的好坏时，可以测量其工作电压，正常应该在310V左右。测量时，首先要识别电容的正、负极。在电容上面通常有一道白的为负极。

电容上的标注为电容的电压和容量

有白道一端的针脚为负极

图2-12　用于310V滤波电容

2.2.4　功率因数校正（PFC）电路

在日常生活中，许多人都有这样的体会，当打开大功率电器时，屋里的日光灯有时会出现短暂变暗后再恢复原来亮度的现象。同样，这时也会导致电视画面有轻微的震动。这些现象的原因就是用电器启动时，电网的电流发生畸变所致。

为了防止电视中出现上述现象，通常在电视开关电源电路中增加一个PFC（Power Factor Correction，功率因数校正）电路，以调节和平衡电流和电压之间的相位差，将供电电压和电流的相位校正为同相位，提高电源的功率因素。如图2-13所示为液晶彩色电视机PFC电路。

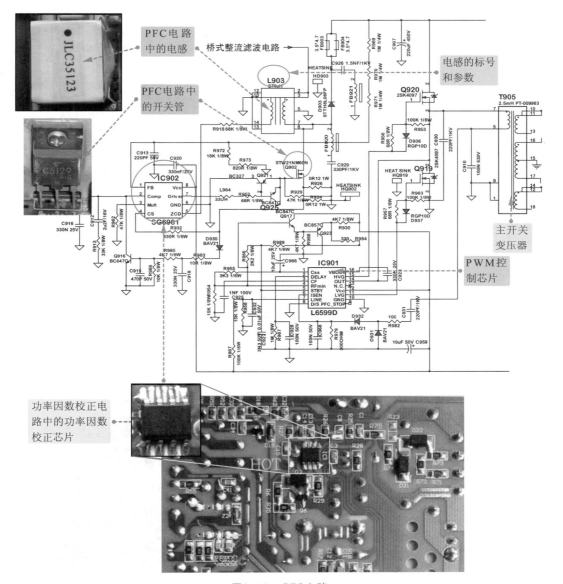

图2-13　PFC电路

PFC电路分为有源PFC 电路和无源PFC电路两种，在液晶彩色电视机中大多数采用的是有源PFC电路。

2.2.5 主开关振荡电路

主开关振荡电路的作用是通过PWM控制器输出的矩形脉冲信号，驱动开关管不断地开启/关闭，处于开关振荡状态。从而使开关变压器的初级线圈产生开关电流，开关变压器处于工作状态，在次级线圈中产生感应电流，再经过处理后输出主电压。

主开关振荡电路主要由主开关管、主PWM控制器、主开关变压器等组成，如图2-14所示为主开关振荡电路图。

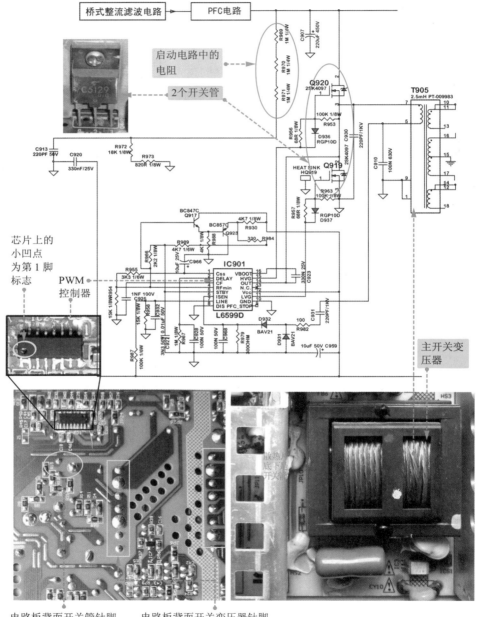

图2-14 主开关振荡电路图

图中，IC901（L6599D）为PWM控制器，它是开关电源的核心，它能产生频率固定而脉冲宽度可调的驱动信号，控制开关管的通断状态，从而调节输出电压的高低，达到稳压的目的。Q920和Q919为开关管，T905为主开关变压器。

（1）主开关变压器

开关变压器利用电磁感应的原理来改变交流电压的装置，主要构件是初级线圈、次级线圈和铁心（磁芯）。在开关电源电路中，开关变压器和开关管一起构成一个自激(或他激)式的间歇震荡器，从而把输入直流电压调制成一个高频脉冲电压，起到能量传递和转换的作用。如图2-15所示为开关变压器。

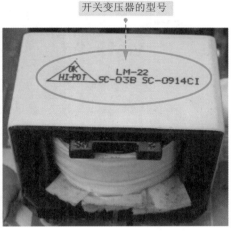

开关变压器的型号

图2-15 开关变压器

（2）开关管

在开关电源电路中，开关管的作用是将直流电流变成脉冲电流。它与开关变压器一起构成一个自激(或他激)式的间歇震荡器，从而把输入直流电压调制成一个高频脉冲电压，起到能量传递和转换作用。由于开关管工作在高电压和大电流的环境下，发热量较大，因此一般会安装一个散热片。如图2-16所示为电源电路中的开关管。

此为开关管的型号

图2-16 电源电路中的开关管

（3）PWM控制器

PWM控制器的作用是控制开关管的切换，根据保护电路的反馈电压控制电路。液晶彩色电视机的PWM控制器通常被设计在开关电源电路板的背面。如图2-17所示。

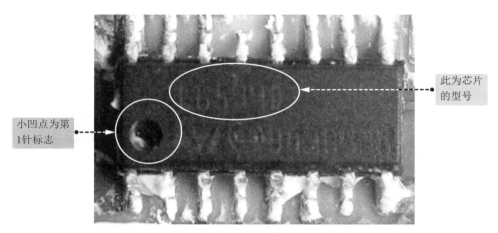

图2-17　PWM控制器

2.2.6　次级整流滤波电路

整流滤波输出电路的作用是将开关变压器次级端输出的电压进行整流与滤波，使之得到稳定的直流电压输出。因为开关变压器的漏感和输出二极管的反向恢复电流造成的尖峰，会形成潜在的电磁干扰。因此要得到纯净的5V和12V电压，开关变压器输出的电压必须经过整流滤波处理。

整流滤波输出电路主要由整流双二极管、滤波电阻、滤波电容、滤波电感等组成，如图2-18所示为整流滤波电路原理图。

（1）快恢复二极管

在开关变压器次级输出端连接的二极管存在着反向恢复时间，在导通瞬间会引起较大的尖峰电流，它不仅增加了二极管本身的功耗，而且使开关管流过过大的浪涌电流，增加了开通瞬间的功耗。因此在开关变压器次级输出端一般采用快恢复二极管或肖特基二极管作为整流二极管。

快恢复二极管（简称FRD）是一种具有开关特性好、反向恢复时间短等特点的半导体二极管，主要应用于开关电源、PWM脉宽调制器、变频器等电子电路中，作为高频整流二极管、续流二极管或阻尼二极管使用。快恢复二极管的内部结构与普通PN结二极管不同，它属于PIN结型二极管，即在P型硅材料与N型硅材料中间增加了基区I，构成PIN硅片。因基区很薄，反向恢复电荷很小，所以快恢复二极管的反向恢复时间较短，正向压降较低，反向击穿电压（耐压值）较高。

肖特基二极管是以金属和半导体接触形成的势垒为基础的二极管，简称肖特基二极管（Schottky Barrier Diode），具有正向压降低（0.4~0.5V）、反向恢复时间很短（10~40ns），而且反向漏电流较大，耐压低，一般低于150V，多用于低电压场合。

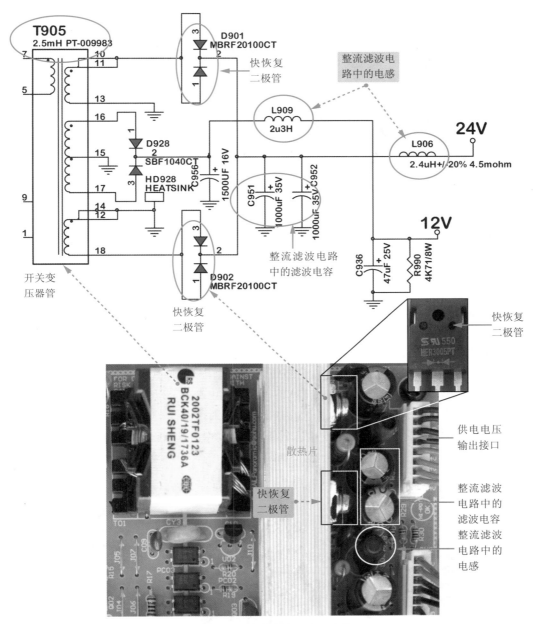

图2-18　整流滤波电路原理图

　　在低电压、大电流输出的开关电源中，整流二极管的功耗是其主要功耗之一。因此，当输出电压≤8V时，一般选用肖特基二极管来整流，其优点是，导通电压为0.4～0.6V，为一般PN结二极管的一半，反向恢复快且有足够的反向电压。当输出电压＞8V时，一般选用快速恢复二极管来整流，它的反向耐压可达到数百伏。同时，二极管的电流平均值应大于输出电流。依据上述的要求，这里采用了两个同样的二极管集成块。它们分别由两个规格为10A/100V的快恢复二极管并联而成。这样可使整流达到较佳效果。如图2-19所示为快恢复双二极管及内部结构。

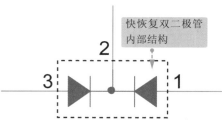

图2-19　快恢复双二极管和内部结构图

由于整流滤波输出电路中的双二极管功耗较大，为防止它们被在高温条件下连续工作积累的热量烧毁或工作异常，通常会给它们加一个散热片。

（2）滤波电感

在电路中，电感线圈对交流有限流作用。另外，电感线圈还有通低频、阻高频的作用，这就是电感的滤波原理。

电感在电路最常见的作用就是与电容一起组成LC滤波电路。由于电感有"通直流，阻交流，通低频，阻高频"的功能，而电容有"阻直流，通交流"的功能。因此在整流滤波输出电路中使用LC滤波电路，可以利用电感吸收大部分交流干扰信号，将其转化为磁感和热能，剩下的大部分被电容旁路到地。这样就可以抑制干扰信号，在输出端就可以获得比较纯净的直流电流。

在开关电源电路中，整流滤波输出电路中的电感一般是由线径非常粗的漆包线环绕在涂有各种颜色的圆形磁芯上。而且附近一般有几个高大的滤波铝电解电容，这两者组成的就是LC滤波电路。如图2-20所示为整流滤波输出电路中的电感。

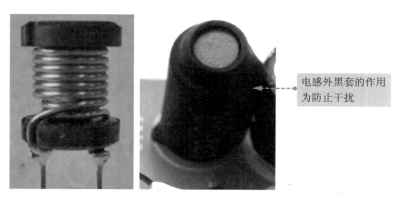

图2-20　整流滤波输出电路中的电感

2.2.7　稳压控制电路

由于220V交流市电是在一定范围内变化的，当市电升高，开关电源电路的开关变压器输出的电压也会随之升高，为了得到稳定的输出电压，在开关电源电路中一般都会设计一个稳压控制电路，用于稳定开关电源输出的电压。

稳压控制电路的主要作用是在误差取样电路的作用下，通过控制开关管激励脉冲的宽度或周期，控制开关管导通时间的长短，使输出电压趋于稳定。

稳压控制电路主要由PWM控制器（控制器内部的误差放大器、电流比较器、锁存器等）、精密稳压器（TL431）、光电耦合器、取样电阻等组成，如图2-21所示为稳压控制电路原理图。

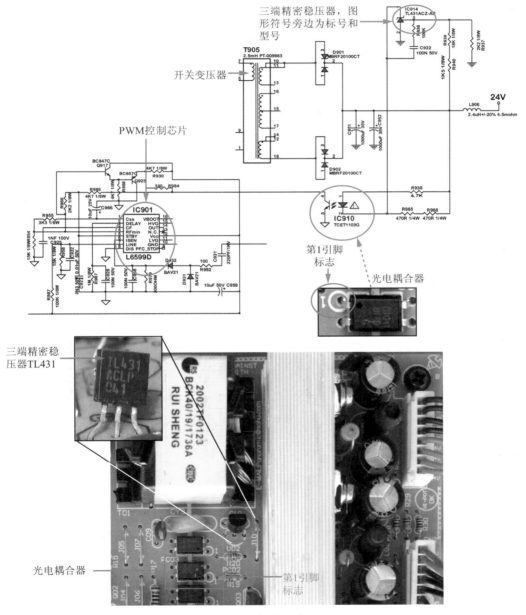

图2-21 稳压控制电路原理图

（1）光电耦合器

光电耦合器的主要作用是将开关电源输出电压的误差反馈到PWM控制器上。当稳压控制电路工作时，在光电耦合器输入端加电信号驱动发光二极管（LED），使之发出一定波长的光，被光探测器接收而产生光电流，再经过进一步放大后输出。这样就完成了电—光—电的转换，从而起到输入、输出、隔离的作用。如图2-22所示。

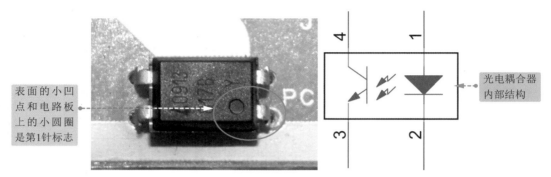

图2-22　光电耦合器及内部结构图

（2）精密稳压器

精密稳压器是一种可控精密电压比较稳压器件，相当于一个稳压值在2.5～36V间可变的稳压二极管。常用的精密稳压器有TL431等，精密稳压器的外形、符号、内部结构及实物如图2-23所示。其中，A为阳极，K为阴极，R为控制极。精密稳压器的内部有一个电压比较器，该电压比较器的反相输入端接内部基准电压为2.495（1±2%）V。该比较器的同相输入端接外部控制电压，比较器的输出用于驱动一个NPN的晶体管，使晶体管导通，电流就可以从K极流向A极。

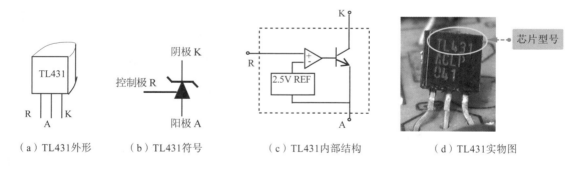

（a）TL431外形　　（b）TL431符号　　（c）TL431内部结构　　（d）TL431实物图

图2-23　TL431精密稳压器

TL431稳压器的工作原理为：加到R端的电压U_{RA}，在TL431内部比较运算放大器中，与基准电压（REF）进行比较，当其高于基准电压时，运算放大器输出高电压使内部三极管导通加强（即I_{KA}增大），反之，I_{KA}减小。TL431主要用在稳压控制电路中。

2.2.8　副开关振荡电路

液晶彩色电视机的副开关振荡电路主要是为控制系统电路提供待机电压和正常工作后的电

压，它主要将桥式整流滤波后的310V左右直流电压经过开关振荡电路转换后，再经过整流滤波输出5V待机电压。

副开关振荡电路主要由PWM控制芯片、副开关变压器、次级整流滤波电路（快恢复二极管、电感、滤波电容）、稳压电路（精密稳压器、光电耦合器）等组成。如图2-24所示为液晶彩色电视机副开关振荡电路。

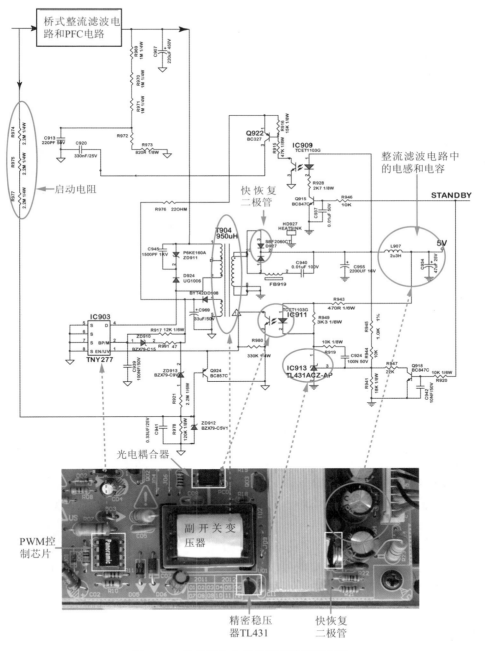

图2-24　液晶彩色电视机副开关振荡电路

2.3 开关电源电路的工作原理

2.3.1 开关电源电路的工作机制

液晶彩色电视机的电源电路一般采用开关电路方式，此电源电路将交流220V输入电压经过整流滤波电路变成直流电压，再由开关管斩波和高频变压器降压，得到高频矩形波电压，最后经整流滤波后输出液晶彩色电视机各个模块所需要的直流电压。如图2-25所示为最基本的开关电源电路电路原理框图。

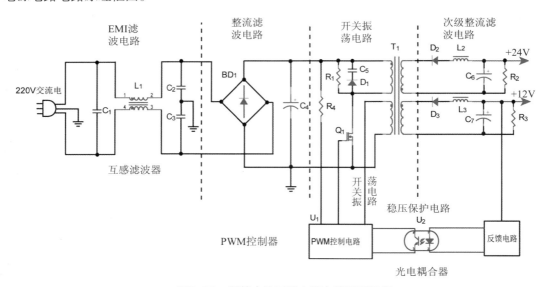

图2-25 最基本的开关电源电路原理框图

图2-25为最基本的液晶彩色电视机开关电源电路工作原理框图。图中，C1、L1、C2、C3组成一个EMI滤波电路，L1为一个互感电感滤波器；BD1、C4组成一个整流滤波电路，BD1为一个桥式整流堆；Q1、U1、T1组成一个开关振荡电路，Q1为开关管，U1为PWM控制器，T1为开关变压器；D2、L2、C6、R2组成次级整流滤波电路；D3、L3、C7、R3组成另一组次级整流滤波电路；反馈电路、U2和U1组成稳压保护电路，U2为光电耦合器。

开关电源电路的基本工作机制：

当220V交流电接入开关电源板后，220V交流电经过C1、L1、C2、C3组成一个EMI滤波电路，过滤掉电网中交流电的高频脉冲信号，防止电网中的高频干扰信号对开关电源的干扰，同时也起到减少开关电源本身对外界的电磁干扰的作用。EMI滤波电路实际上是利电感和电容的特性，使频率为50Hz左右的交流电可以顺利通过滤波器，但高于50Hz以上的高频干扰杂波被滤波器滤除，因此EMI滤波电路又被称为低通滤波器，意思是低频可以通过，而高频则被滤除。

接着经过滤波后的220V交流电压BD1、C4组成一个桥式整流滤波电路，在C4两端产生310V左右的直流电压。

310V直流电压被分成几路，一路经过启动电路R4分压后，加到PWM控制器U1的供电引脚，为PWM控制器提供工作电压；另一路被加到开关变压器的初级和开关管的漏极D。PWM控制器获得工作电压后，内部电路开始工作，输出矩形脉冲电压信号，此脉冲电压信号被加到开关管Q1的栅极D，控制开关管的导通与截止。

当开关管Q1开始导通后，310V直流电压流过开关变压器T1的初级线圈、开关管Q1。此时在开关变压器T1的次级线圈中产生感应电压，感应电压为上负下正，因此整流二极管D2、D3截止，感应的电能以磁能的形式存储在开关变压器T1中。

当开关管Q1截止时，开关管Q1的集电极电位上升为高电平。此时开关变压器T1的次级感应电压是上正下负，整流二极管D2和D3正向偏置而导通。此时开关变压器T1中存储的能量经整流二极管D2和D3整流后，向电感L2、L3，电容C6、C7，负载电阻R2、R3释放，产生24V直流输出电压和12V直流输出电压，为其他负载电路提供供电电压。

同时，输出的电压经过反馈电路、U2和U1组成的稳压保护电路后，达到稳定电压、过流保护、过压保护的目的。

开关变压器T1在这里可看作是储能元件，当开关管Q1导通，但整流二极管D2和D3截止时，初级线圈储存能量；当开关管Q1截止时，则T1释放能量，此时整流二极管D2和D3导通，向负载提供能量。

2.3.2 由STIR-E1565+STIR-2268构成的开关电源电路工作原理

由STR-E1565+STR-2268构成的开关电源电路主要应用在长虹46英寸以上的液晶彩电中，此类型的开关电源电路工作时，共输出12V、5V（小信号）供液晶彩电信号处理电路使用以及5V(MCU)电压供MCU使用、24V电压供逆变器使用。图2-26所示为该类型电源方案的电路原理图

STR-E1565是一种具有输出功率大、负载能力强、待机功率小且具有保护功能的开关电源模块，内部集成了功率因数校正电路、振荡电路、功率开关管、过压过热保护电路等，如图2-27为STR-E1565内部电路框图，表2-1所示为STR-E1565引脚功能表。

提示：

过流保护电路：过流保护电路主要由外部电阻、电容和开关电源模块内部电路构成。当某种原因导致开关电源模块内部大功率开关管漏极电流增大时，会使加到开关电源模块的电压增大，从而启动内部过流保护电路，开关电源停止工作。

过热保护电路：过热保护电路集成在开关电源模块的内部，当某种原因造成开关电源模块内部温度升高到135℃以上时，内部过热保护电路启动，开关电源停止工作。

准谐振电路：开关电源模块内部开关管截止时，其源极与漏极间有较大的脉冲电压，在该脉冲电压的后沿降到低电平之前，开关管不应导通。否则开关管就会有较大的导通损耗。为保证开关管在漏极脉冲电压最低时导通，一般会应用准谐振电路。

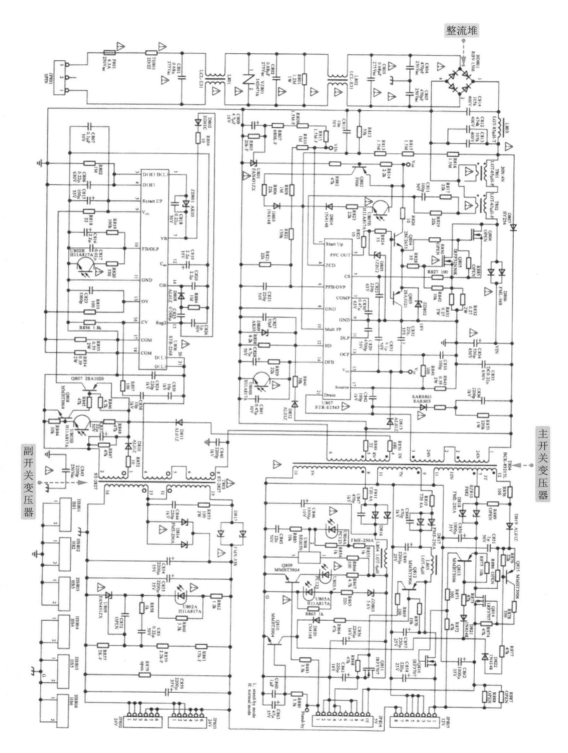

图2-26　采用STR-E1565+STR-2268构成的开关电源电路图

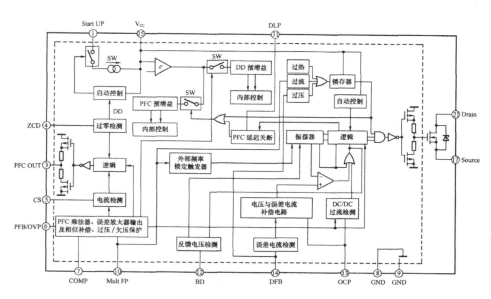

图2-27 STR-E1565内部电路框图

表2-1 STR-E1565引脚功能表

序号	引 脚 名	功 能	序号	引 脚 名	功 能
1	Start UP	启动电路输入	2	NC	空
3	PFC OUT	功率因数校正输出	4	ZCD	PFC过零检测脉冲输入
5	CS	PFC功率管漏极电流检测	6	PFB/OVP	PFC反馈输入/过压保护输入
7	COMP	PFC误差放大器相位补偿端	8	GND	接地端
9	GND	接地端	10	Mult FP	PFC乘法器及误差输出端
11	DLP	PFC关断延时调整	12	BD	准谐振信号输入端
13	OCP	过流检测端	14	DFB	误差控制电流输入端
15	VCC	驱动供电电压输入端	16	DD OUT	未用
17	Source	IC内部电源开关管源极	18	NC	空
19	NC	空	20	Drain	未用
21	Drain	IC内部电源开关管漏极			

由STR-E1565+STR-2268构成的开关电源电路包括交流输入滤波电路、功率因数校正（PFC）电路、启动与振荡电路、稳压控制电路、保护电路及副开关电源电路。

1. 主电源电路部分

开关电源电路开始工作时，首先市电200V交流电接入交流滤波电路，先经过延时保险管F801后，再经过互感滤波器L801、L802及电容C802、C803、C804、C805组成的交流抗干扰电路后达到桥式整流BD801。经过BD801、滤波互感器L803、电容C8012、C8013、C814组成的整流滤波电路滤波后形成较为平稳的直流电压。

经过滤波整流后的直流电压进入功率因数校正电路，图中功率因数校正电路由升压变压器（T801、T802）、PFC互补推动管（Q803、Q804）、开关管（Q805、Q806）、STR-E1565内部电路等组成。直流电压经过电阻R812、R813、R814、R815、R816分压后被送到STR-E1565的第10脚。因为STR-E1565内部集成有乘法器，电流经过内部乘法器逻辑处理、推免功率放大后，由STR-E1565的第3脚输出。输出后的脉冲电流经过Q803、Q804推免功率放大后，由发射极输出加到Q805、Q806的G极。

当Q805、Q806饱和导通时，经过桥式整流BD801整流后的电压就会经过电感L803、T801、T802的初级绕组、Q806、Q805的D-S级接地形成回路；当Q805、Q806处于截止时，BD801输出的整流电压经过L803、D807、C834接地，对电容C834进行充电；此时经过开关变压器T801、T802的初级绕组的电流呈逐渐减小的趋势，电感的两端产生左负右正的感应电压，该电压与BD801整流后的直流分量互相叠加，在滤波电容C834的正端形成大约400V的直流电压，使得流过T801、T802初级绕组的电流波形和输入电压的波形趋于一致，从而达到提高功率因数的目的。

同时，经BD801桥式整流后的电压经过T801、T802次级绕组输出后会经电阻R817、R829和电容C811组成的脉冲限流电路进入到STR-E1565的第4脚。第4脚引脚为过零检测电路，具有过压/欠压保护的功能，当该引脚的电压高于6.5V或低于0.62V时，就会使内部过零检测电路关断进而使PFC电路停止工作。

在STR-E1565内部电路中，见图2-27。该开关电源模块的第5脚为PFC电路部门开关管源极电流检测端，当Q805、Q806漏极电流从源极输出后，经电阻R831、R832分压后接地，形成与Q805、Q806源极电流成正比的检测电压，该电压最后反馈到STR-E1565的第5脚内部，内部电流检测电路及逻辑处理电路自动调整STR-E1565第3脚输出的脉冲电压的大小，从而自动调节Q805、Q806源极电流。

而当PFC电路输出的开关脉冲过高时，会导致电容C834正端电压升高，此时STR-E1565第6脚的电压也会随之升高；当电压超过4.3V时，内部过压保护电路就会启动，输出控制信号到PFC逻辑控制电路，调整STR-E1565第3脚输出的开关脉冲，进而调节到正常的范围。

正常工作时经电容C834两端的400电压分为两部分，一部分经开关变压器T804的1-3绕组接到STR-E1565的第21脚，另一部分会作为启动电压连接到STR-E1565的第1脚，然后经内部电路对第15脚外接的C832进行充电。当STR-E1565第15脚的电压升高到16.2V时，STR-E1565内部振荡电路开始工作，输出开关脉冲，经内部推免放大后接到MOS开关管的G极，使MOS开关管工作。

开关变压器T804的2-6绕组输出的脉冲电压经D813整流后获得22V左右的直流电压，加到STR-E1565的第15脚，为STR-E1565提供启动后的工作电压。如果电源启动后，STR-E1565的第15脚没有办法持续的获得电压供给，第15脚的电压就会随着电流的消耗而逐渐下降，当下降到9.6V时，电源就停止工作。

2. 副电源电路部分

图2-26中副电源电路是由STR-2268为核心元器件的，STR-2268是一种具有自动跟踪、多种模式控制及保护等功能的厚膜集成电路，图2-26中U806即为STR-2268，副电源电路也包含启动电路、稳压控制电路、保护电路。

正常工作时，C834两端的400V左右的电压经过开关变压器T803的8-4初级绕组后达到STR-

2268芯片的第20和21脚，为内部开关管的源极供电。主开关电源的开关变压器T804的2-6绕组输出电压经过D811整流后得到28V的直流电压，加到Q807的发射极。使光电耦合器U803导通，Q808、Q807导通，28V直流电压开始对C815进行充电，当C815两端的电压上升到20V时，就会使STR-2268内部的振荡电路、逻辑电路启动。

副电源电路启动后，T803的1-2绕组输出电流，经过R852限流、D810整流后得到22V电压，再经过Q807向STR-2268的第5和6脚持续供电。

电路中光电耦合器U802、误差放大器U809、电阻R919及STR-2268内部电路组成稳压控制电路，R861、R859、R857共同构成取样电路。当电压升高时，电压经R861、R859、R857分压后，U809的R极电压会逐渐增高，U809的K极电压下降，此时光电耦合器U802的第1和第2脚电流增大，STR-2268的第10脚内部控制电路就会启动，使振荡电路输出的脉冲变窄，使输出的电压降低。

保护电路由STR-2268内部的软启动保护电路、过压/欠压保护电路、过载保护电路、过流保护电路组成。STR-2268启动时，它的第12脚输出电流对C819进行充电，使STR-2268内部双MOS管导通时间缩短，限制漏极电流，进而实现软启动。

当C815上的电压因为某种原因上升时，STR-2668内部的过压/欠压电路会自动启动，使电路进入保护状态。

3. 待机控制电路

该开关电源电路中的待机控制电路主要由Q810、Q809、Q808、Q807、Q813、Q815、Q812、U803、D820、D821、D822组成。

液晶彩色电视机正常工作时，见图2-26。从控制主板输送来的控制信号经JP804的第1脚进行输入，然后分为两部分分别接入主开关电源电路和副开关电源电路。其中一路经R880送到Q810的基极，致使Q810截止，此时Q812、Q813、Q815处于饱和导通状态，D820、D821、D822也随之饱和导通，而Q814、Q811、Q816处于截止，其源极输出的5V、12V电压关闭，主板组件停止工作。

另一路控制信号经R881接到开关管Q809的基极，使Q809截止，此时与之相连接的Q807、Q808处于截止状态，STR-2268的⑤、⑨脚电压丢失，STR-2268开关电源停止工作，输出的24V电压被关闭，液晶彩电逆变器停止工作，背光灯熄灭。

2.4　LED 背光驱动电路工作原理

目前主流的液晶彩色电视机一般都将LED背光供电及驱动电路和开关电源电路设计在一起，由开关电源电路产生的30~200V直流电压为LED背光驱动电路提供供电，产生LED驱动电压驱动LED灯条发光。

2.4.1　LED背光供电电路工作原理

如图2-28所示为NCP1396电源管理芯片组成的LED背光供电电压电路。

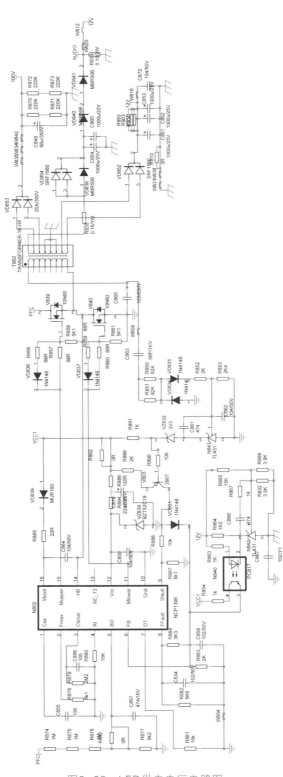

图2-28 LED供电电压电路图

　　220V交流电压经过整流滤波，进行功率因数校正后得到400V左右的直流电压（图中的PFC）送入由电源管理芯片N802(NCP1396)组成的DC-DC变换电路。

　　4000V的PFC电压经过电阻R874、R875、R876、R877分压后送入N802第5脚进行欠压检测，经运算放大输出跨导电流。同时，第10脚得到VCC1供电，软启动电路开始工作，内部控制器对频率、驱动定时等设置进行检测，正常后输出振荡脉冲。

　　电源管理芯片M802的第4脚外接定时电阻R880；第2脚外接频率钳位电阻R878，电阻大小可以改变频率范围；第7脚为死区时间控制，可以从150ns到1μs之间改变。第1脚外接软启动电容C855；第6脚为稳压反馈取样输入；第8脚和第9脚分别为故障检测脚。

　　当N802的第12脚得到供电，第5脚的欠压检测信号也正常时，N802开始正常工作。VCC1电压加在N802第12脚的同时，还经过稳压二极管VD839、电阻R885供给N802的第16脚，C864为倍压电容，经过倍压后的电压为195V左右。

　　从N802第11脚输出的低端驱动脉冲通过电阻R860送入MOS管V840的G极，稳压二极管VD837、R859为灌流电路；第15脚输出的高端驱动脉冲通过电阻R857送入MOS管V839的G极，稳压二极管VD836、R856为灌流电路。

　　当MOS管V839导通时，400V的PFC电压流过V839的D-S极、变压器T902初级绕组、C865形成回路，在变压器T902初级绕组形成下正上负的电动势；同理，当MOS管V840导通，MOS管V839截止时，在变压器T902初级绕组形成上正下负的感应电动势，感应电压由变压器耦合给次级。其中一路电压经过稳压二极管VD853、C848整流滤波后得到100V直流电压送往LED驱动电路，作为其工作电压。

　　次级另一绕组经过R835、VD838、VD854、C854、C860整流滤波后得到AUDIO（12V）电压给主板伴音部分提供工作电压。次级还有一路绕组经过VD852、C851、C852、C853整流滤波后得到12V电压。

　　由R863、R864、R865、R832、R869、N842组成的取样反馈电路通过光耦N840控制N802第6脚，使其次级输出的各路电压稳定。C866、R867组成取样补偿电路。

2.4.2　LED背光驱动电路工作原理

　　下面以OZ9902驱动芯片为例讲解LED背光驱动电路工作原理，OZ9902芯片引脚功能如表2-2所示，LED驱动电路图如图2-29所示。

表2-2　OZ9902引脚功能

引脚序号	引脚名称	引脚功能
1	UVLS	LED输入电压欠压保护检测
2	VCC	工作电压输入
3	ENA	ON/OFF端
4	VREF	基准电压输出
5	RT	芯片工作频率设定和主辅模式设定
6	SYNC	同步信号输入／输出，不用可以悬空
7	PWM1	第一通道的PWM调光信号输入

引脚序号	引脚名称	引脚功能
8	PWM2	第二通道的PWM调光信号输入
9	ADIM	模拟调光信号输入，不用可以设定为3V以上
10	TIMER	保护延时设定端
11	SSTCMP1	第一通道软启动和补偿设定
12	SSTCMP2	第二通道软启动和补偿设定
13	ISEN2	第二通道LED电流取样
14	PROT2	第二通道PWM调光驱动MOS端
15	OVP2	第二通道过压保护检测
16	ISW2	第二通道OCP检测
17	ISEN1	第一通道LED电流取样
18	PROT1	第一通道PWM调光驱动MOS
19	OVP1	第一通道过压保护检测
20	ISW1	第一通道OCP检测
21	GND	接地端
22	DRV2	第二通道升压MOS驱动
23	DRV1	第一通道升压MOS驱动
24	FAULT	异常情况下信号输出

1. 驱动脉冲形成和升压电路工作过程

在电视机二次开机后，当驱动芯片N906第2脚得到12V工作电压后，其第3脚得到高电平（开启电平），第9脚得到调光高电平，第1脚欠压检测脚检测到有4V以上的高电平时，驱动芯片N906便会启动进入工作状态，从第2脚输出驱动脉冲，驱动MOS管V925工作在开关状态。

电路开始工作时，负载LED上的电压约等于输入VIN电压（100V）。正半周时，MOS管V925导通，储能电感L911、L915上的电流逐渐增大，开始储能，在电感的两端形成左正右负的感应电动势。

负半周时，MOS管V925截止，电感两端的感应电动势变为左负右正，由于电感上的电流不能突变，与VIN电压叠加后通过续流二极管VD931给输出电容C905充电，二极管负极的电压上升到大于VIN电压。

正半周再次来临，MOS管V925再次导通，储能电感L911、L915重新储能，由于二极管不能反向导通，这时负载上的电压仍然高于VIN上的电压。正常工作以后，电路重复上述步骤完成升压过程。

由电阻R972、R973、R954组成电流检测网络，检测到的信号送入驱动芯片N906第20脚，在芯片内部进行比较，控制MOS端V925的导通时间。

由电阻R958、R962、R966和R974组成升压电路的过压检测电路，连接至芯片N906的第19脚。第19脚内接基准电压比较器，当升压驱动电压升高时，其内部电路也会切断PWM信号的输出，使升压电路停止工作。

在驱动芯片N906内部还有一个延时保护电路，由驱动芯片N906第10脚的内部电路和外接电容C906组成。当各路保护电路送来起控信号时，保护电路不会立即动作，而是先给C906充电。当充电电压达到保护电路的设定阈值时，才输出保护信号。从而避免出现误保护的现象，也就是说，只有出现持续的保护信号时，保护电路才会有所行动。

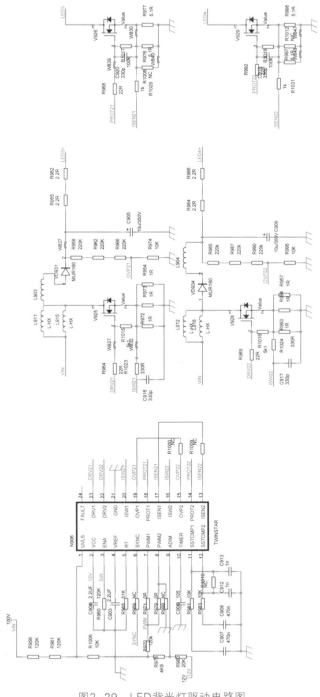

图2-29 LED背光灯驱动电路图

2．PWM调光控制电路

调光控制电路由MOS管V926等电路组成，MOS管V926受控于驱动芯片N906第7脚的PWM调光控制，当第7脚为低电平时，第18脚的PROT11也为低电平，MOS管V926不工作。当第7脚为高电平时，第18脚的PROT11信号不一定为高电平，因为假如输出端有过压或短路情况发生，内部电路会将PROT1信号拉为低电平，使LED与升压电路断开。

由电阻R977、R976、R1029组成电流检测电路，检测到的信号送入驱动芯片N906的第17脚(ISEN11)，第17脚为内部运算放大器正相输入端，检测到的ISEN11信号在芯片内部进行比较，以控制MOS管V926的工作状态。

第11脚外接补偿电路，也是传导运算放大器的输出端。此端也受PWM信号控制，当PWM调光信号为高电平时，放大器的输出端连接补偿网络。当PWM调光信号为低电平时，放大器的输出端与补偿网络被切断，因此补偿网络内的电容电压一直被维持，一直到PWM调光信号再次为高电平时，补偿网络又才连接放大器的输出端。这样可以确保电路工作正常，以及获得非常良好的PWM调光反应。

第 3 章

液晶彩色电视机电视信号接收
电路运行原理详解

　　液晶彩色电视机信号接收电路是液晶彩色电视机接收电视信号的最前端电路，它的作用主
要是通过天线或有线接收电视信号，并对接收到的电视信号进行处理，然后输出视频图像信号
和音频信号或第二伴音信号，并输出给后级电路。

3.1　看图识别液晶彩色电视机中的电视信号接收电路

3.1.1　看图识别电视信号接收电路

　　液晶彩色电视机信号接收电路在液晶彩色电视机的主控电路中，电视信号接收电路非常好
识别，只要找到长方形的金属盒就找到了电视信号接收电路。金属方盒子和其周围的元器件共
同组成了电视信号接收电路，如图3-1所示为电视信号接收电路。

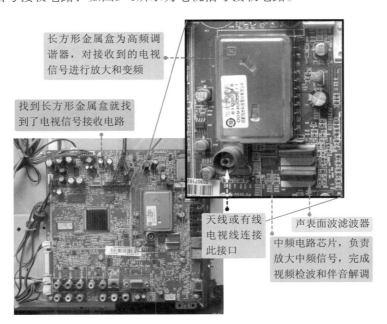

长方形金属盒为高频调
谐器，对接收到的电视
信号进行放大和变频

找到长方形金属盒就找
到了电视信号接收电路

天线或有线
电视线连接
此接口

声表面波滤波器

中频电路芯片，负责
放大中频信号，完成
视频检波和伴音解调

图3-1　电视信号接收电路

3.1.2　看图认识电路图中的电视信号接收电路

如图3-2所示为电路图中的电视信号接收电路。图中，大的长方形为电路中比较大的集成电路，如U18为高频调谐器芯片。在长方形的内部是各个引脚的名称，在长方形的外部是各个引脚的标号和连接的元器件。另外，图中U14为中频电路芯片，U16和U17为两个声表面波滤波器。

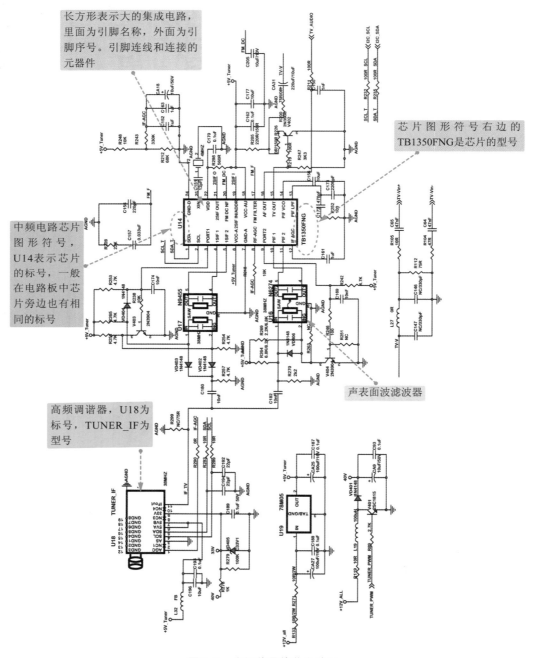

图3-2　电视信号接收电路图

3.2　电视信号接收电路组成结构

从电路结构上来看，液晶彩色电视机信号接收电路主要由高频调谐器、中频处理电路等电路组成。如图3-3所示为电视信号接收电路组成框图。从图中可以看出，中频处理电路又由声表面波滤波器和中频电路组成。

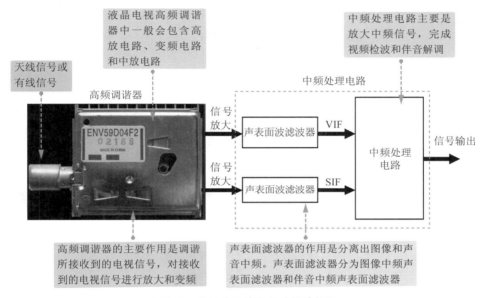

图3-3　电视信号接收电路组成框图

上面介绍的电视信号接收电路主要由独立的高频调谐器和中频处理电路组成。另外还有一种将高频调谐器和中频处理电路集成在一起的一体化的电视信号接收电路。它能直接输出视频全电视信号CVBS和第二伴音中频信号SIF。如图3-4所示。

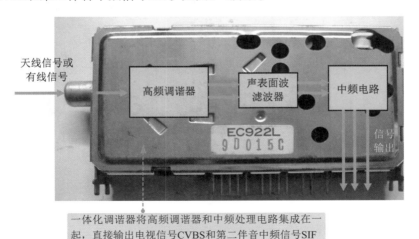

图3-4　一体化调谐器

3.2.1 高频调谐器组成结构

高频调谐器也称为高频头，它的主要作用是调谐所接收到的电视信号，对接收到的电视信号进行选频、放大和变频处理。由于高频调谐器的工作频率很高，为防止外界电磁干扰和本机振荡器的辐射，高频调谐器被封装在一个金属小盒内，金属盒接地，起到屏蔽的作用。

高频调谐器主要由VHF调谐器和UHF调谐器组成。而每个调谐器又分别由输入回路、高频放大器、本振电路和混频电路等组成。如图3-5所示为高频调谐器内部框图。

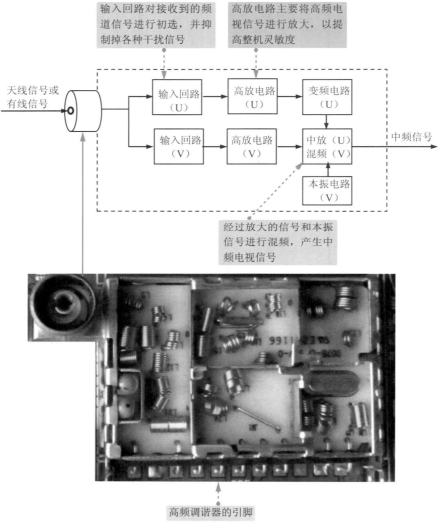

图3-5 高频调谐器内部框图

3.2.2 中频处理电路组成结构

中频处理电路的功能是对接收到的中频信号进行放大，完成视频检波和伴音解调等处理。

液晶彩色电视机的中频处理电路主要由声表面波滤波器、中频放大电路、视频检波电路、噪声抑制电路（ANC）、预视放、AGC、AFT等电路组成。如图3-6所示。其中，声表面波滤波器主要分为图像中频声表面波滤波器和伴音中频声表面波滤波器。由高频调谐器放大和变频后输出的中频信号，经过声表面波滤波器分离出图像中频和伴音中频后，送到中频电路进行处理。

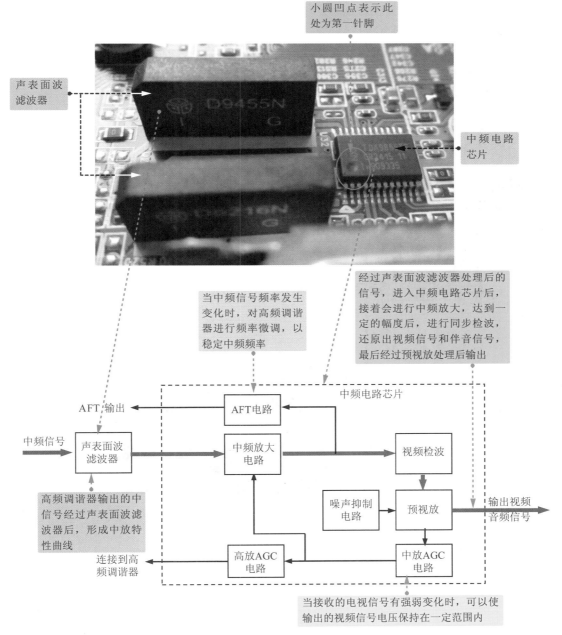

图3-6 中频处理电路结构图

3.3 电视信号接收电路的工作原理

3.3.1 电视信号接收电路工作机制

电视信号接收电路工作机制如图3-7所示。

从天线接收进来的高频电视信号，在高频调谐器中经过输入回路初选出所需收看的频道（同时抑制掉其他各种干扰信号），然后经过高频放大电路进行选频放大，然后送入混频电路与本振电路产生的本振信号进行混频，以产生中频电视信号。并从高频调谐器的IF端口输出。同时微处理器通过I²C总线控制端控制高频调谐器的工作。

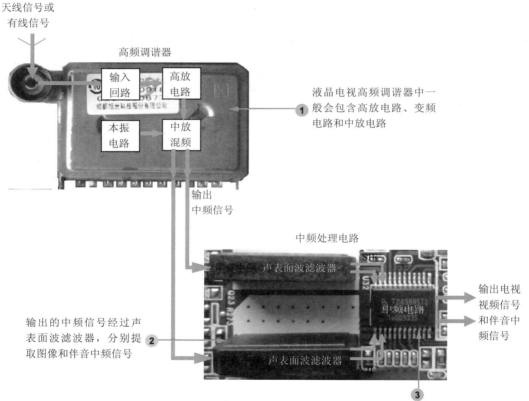

图3-7 电视信号接收电路工作机制

接着中频电视信号会分别送往伴音中频声表面波滤波器和图像中频声表面波滤波器，在伴音中频声表面波滤波器中提取伴音中频信号，并送往中频电路芯片的SIF端（伴音中频输入端）。同时图像中频表面波滤波器提取图像中频信号，并送往中频电路芯片的VIF端（图像中频输入端）。

接下来中频电路对伴音中频信号和图像中频信号进行中频放大，将信号放大到视频检波所需的幅度。然后视频检波对中频信号进行同步检波，还原出视频信号，同时输出6.5MHz的第二伴音中频信号。视频信号经ANC处理和预视放后输出电视视频信号和6.5MHz伴音中频信号。并从图像信号输出端（如CVBS端）输出电视视频信号，从伴音中频输出端（如SIOMAD端）输出6.5MHz伴音中频信号。

同时为了防止接收的电视信号有强弱变化，可以使输出的视频信号电压保持在一定的范围内，设置AGC电路是为了在中频信号频率发生变化时，对高频调谐器进行频率微调，以稳定中频频率。

3.3.2 电视信号接收电路工作原理

下面以海尔LK37K1液晶彩色电视机为例讲解电视信号接收电路的工作原理。如图3-8所示为海尔液晶彩色电视机电视信号接收电路图。

图中，T1为高频调谐器，型号为TDQ-6PD/LW115CWADC，其引脚功能如表3-1所示。U32为中频电路芯片，型号为TDA9885TS，其内部结构框图和引脚功能如图3-9和表3-2所示。U36和U37为两个声表面波滤波器，其中U36为伴音中频声表面波滤波器，型号为K9352M30，U37为图像中频声表面波滤波器，型号为K7262M30。

表3-1 高频调谐器引脚功能

引脚号	引脚名称	引脚功能
1	AGC	射频AGC输入端
2	NC1	空脚
3	AS	地址端，对于本机高频头此端接地
4	SCL	I²C总线时钟信号输入端
5	SDA	I²C总线数据信号输入端
6	NC2	空脚
7	BP	5V供电端
8	NC3	空脚
9	NC4	空脚
10	NC5	空脚
11	IFout	中频输出端

海尔LK37K1液晶彩色电视机电视信号接收电路的工作原理如下：

从天线或有线电视接收线进来的射频信号，从高频调谐器射频信号接入口进入高频调谐器T1（TDQ-6PD/LW115CWADC）后，在内部经过输入回路初选出所需收看的频道（同时抑制掉其他各种干扰信号），然后经过高频放大电路进行选频放大，再送入混频电路与本振电路产生的本振信号进行混频，产生中频电视信号。最后从高频调谐器的第11脚（IFout端口）输出。

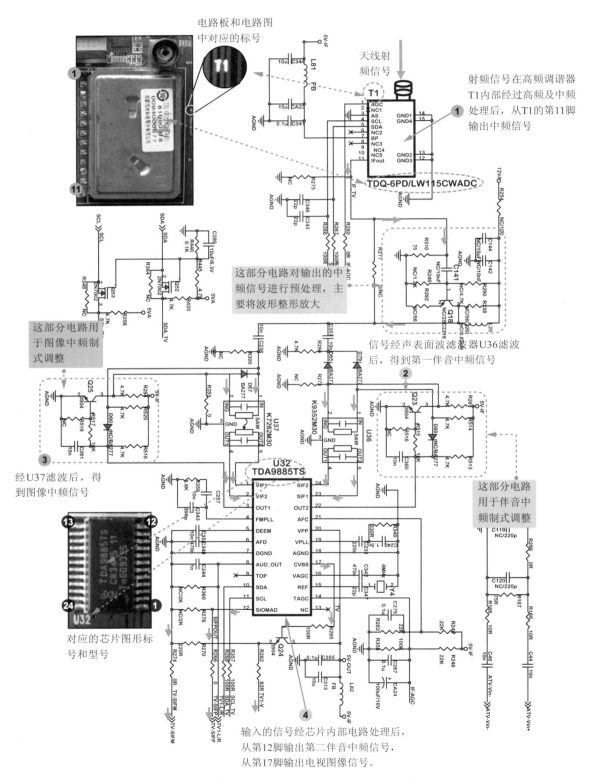

图3-8　海尔液晶彩色电视机电视信号接收电路图

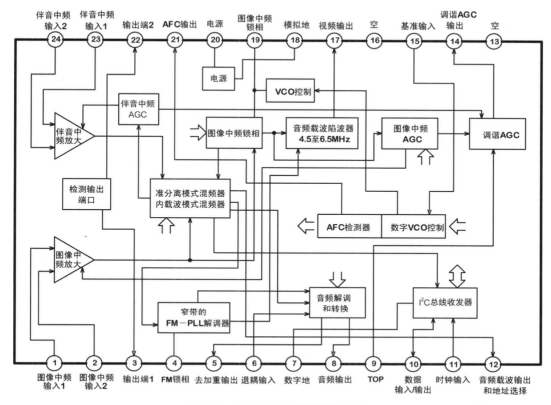

图3-9 TDA9885TS内部结构框图

表3-2 TDA9885TS引脚功能表

引脚	引脚符号	功能
1	VIF1	图像中频信号输入端1
2	VIF2	图像中频信号输入端2
3	OUT1	制式控制端，用于图像中频制式选择
4	FMPLL	外接双时间常数电路，用于调频解调电路滤波
5	DEEM	去加重输出端，外接滤波电路
6	AFD	音频去耦输入端，外接滤波电路
7	DGND	数字信号接地端
8	AUD_OUT	音频信号输出
9	TOP	未用
10	SDA	数据总线输入/输出端
11	SCL	时钟总线输入端
12	SIOMAD	音频载波输出端
13	NC	空脚
14	TAGC	高频增益控制输出端
15	REF	基准时钟信号输入端，外接4MHz时钟振荡器
16	VAGC	外接中频AGC滤波电容

续表

引脚	引脚符号	功能
17	CVBS	视频信号输出端
18	AGND	模拟电路地端
19	VPLL	锁相环电路滤波
20	VPP	5V电源
21	AFC	自动频率控制输出
22	OUT2	制式控制端，用于伴音中频制式选择
23	SIF1	伴音中频信号输入端1
24	SIF2	伴音中频信号输入端2

从第11脚输出的中频信号，经电容C141耦合、三极管Q18放大后，分别进入声表面波滤波器U36、U37。经过伴音中频声表面波滤波器U36（K9532M30）滤波后，得到第一伴音中频信号。此信号被送至中频电路芯片U32（TDA9885TS）的第23和第24引脚。输入的信号经内部限幅放大后，送至内部混频器，得到第二伴音中频信号，并从U32的第12脚输出第二伴音中频信号到外部音频处理电路做进一步处理。

同时，中频信号经过图像中频声表面波滤波器U37（K7262M30）滤波后，得到图像中频信号。此信号被送至中频电路芯片U32（TDA9885TS）的第1和第24引脚。输入的信号在U32内，经中频放大，视频检波和预视放处理后，从第17脚输出电视图像信号。接着再经过三极管Q24缓冲后，送到后级电路——视频解码电路进行解码处理。

从中频电路芯片U32（TDA9885TS）内部的视频检波器输出的视频信号还有一路被送至中频AGC电路，检出的射频AGC电压由U32芯片的第14脚输出，送到高频调谐器T1的第1脚（AGC端口），用于在中频信号频率发生变化时对高频调谐器进行频率微调，以稳定中频频率。

中频电路芯片U32（TDA9885TS）的第15脚连接的晶振Y4负责为中频电路芯片内部的锁相环PLL提供基准震荡频率。

中频电路芯片U32（TDA9885TS）的第3脚和第22脚为制式控制端，在接收不同的制式信号时，这两个引脚的电平有所不同，通过控制三极管Q23和Q25的导通与截止，使声表面波滤波器U36和U37的幅频特性发生改变，以便U32（TDA9885TS）对不同制式的信号进行调解处理。

U32（TDA9885TS）的第10脚和第11脚为I^2C总线控制端，连接到微处理器，通过I^2C总线微处理器可以读取到U32内部AFT的工作状态，进而通过I^2C总线对中频电路芯片中的AFT电路进行调整。

小知识：

前面介绍了一体化高频调谐器，在液晶彩色电视机中，也经常使用一体化的高频调谐器，下面介绍一下它的引脚功能，如表3-3所示。

表3-3　一体化高频调谐器引脚功能

引脚号	引脚名称	引脚功能
1	AGC	射频AGC输入端

续表

引脚号	引脚名称	引脚功能
2	NC	空脚
3	ADD	地址端，对于本机高频头此端接地
4	SCL	I^2C总线时钟信号输入端
5	SDA	I^2C总线数据信号输入端
6	NC	空脚
7,19	5V	5V供电端
8	AFT	自动频率控制输出
9	33V	33V供电端
10	NC	空脚
11	IFout1	中频输出端
12	IFout2	中频输出端
13	SW0	伴音控制
14	SW1	伴音控制
15	NC	空脚
16	SIF	第二伴音中频输出
17	AGC	自动增益控制
18	VIDEO	CVBS视频信号输出
20	AUDIO	音频信号输出

第 4 章
液晶彩色电视机主处理电路
运行原理详解

　　液晶彩色电视机主处理电路是液晶彩色电视机中最核心的电路，它主要包括视频解码电路、数字图像信号处理电路、系统控制电路等。

4.1　看图识别液晶彩色电视机中的主处理电路

4.1.1　看图识别主处理电路

　　液晶彩色电视机主处理电路在液晶彩色电视机的主控电路板中，由于目前芯片的集成度越来越高，大部分液晶彩色电视机都将视频解码电路、数字图像信号处理电路、系统控制电路等集成到一起，我们就称它为主处理电路芯片。从外观看，主处理芯片是主控电路板中最大的芯片，通常处于电路板的中央位置，且芯片上面还加有散热片。如图4-1所示为液晶彩色电视机中的主处理电路。

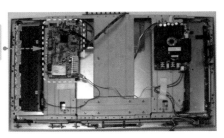

（a）液晶彩色电视机中的主处理电路板

图4-1　液晶彩色电视机中的主处理电路

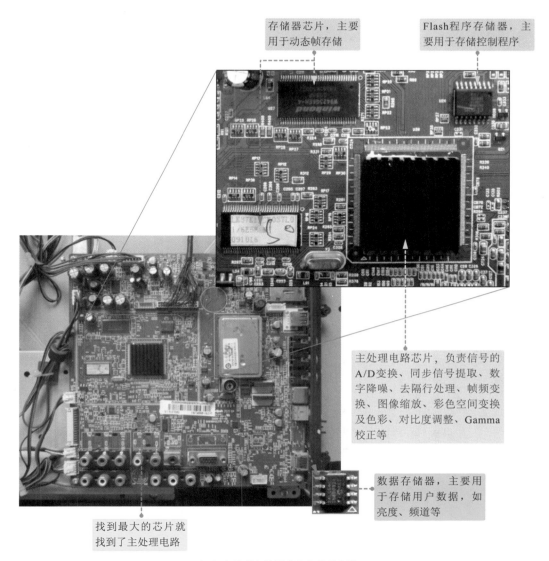

存储器芯片，主要用于动态帧存储

Flash程序存储器，主要用于存储控制程序

主处理电路芯片，负责信号的A/D变换、同步信号提取、数字降噪、去隔行处理、帧频变换、图像缩放、彩色空间变换及色彩、对比度调整、Gamma校正等

数据存储器，主要用于存储用户数据，如亮度、频道等

找到最大的芯片就找到了主处理电路

（b）主处理电路板中的主处理电路

图4-1 液晶彩色电视机中的主处理电路（续）

4.1.2 看图认识电路图中的主处理电路

如图4-2所示为电路图中的主处理电路图。图中，最大的长方形电路就是主处理电路芯片，如图中的U4201。在长方形的内部是各个引脚的名称，在长方形的外边是各个引脚的标号和连接的元器件。另外，图中U4401为DDR存储器芯片，U4402为Flash程序存储器芯片，U4202为复位芯片，主要为主处理芯片提供复位信号；X4201为晶振，和谐振电容及主处理芯片内部的振荡器一起组成时钟电路，为主处理电路提供时钟信号。

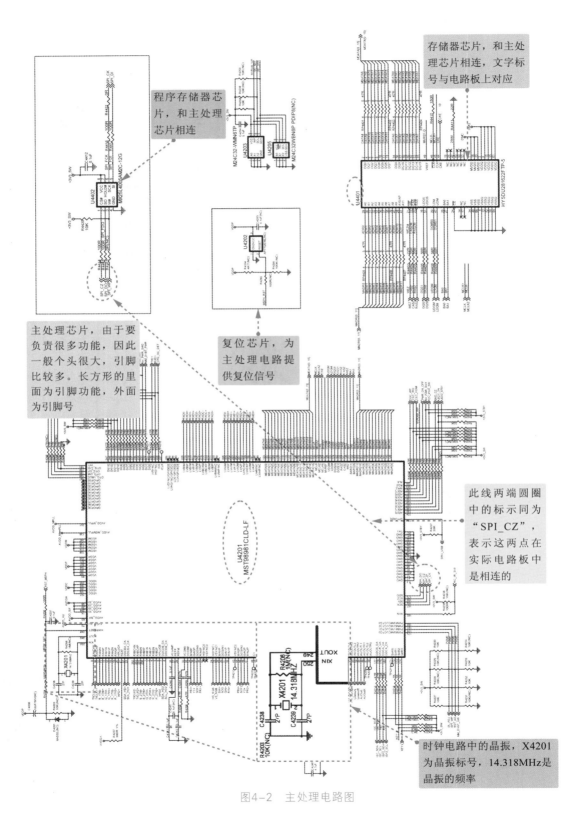

存储器芯片，和主处理芯片相连，文字标号与电路板上对应

程序存储器芯片，和主处理芯片相连

主处理芯片，由于要负责很多功能，因此一般个头很大，引脚比较多。长方形的里面为引脚功能，外面为引脚号

复位芯片，为主处理电路提供复位信号

此线两端圆圈中的标示同为"SPI_CZ"，表示这两点在实际电路板中是相连的

时钟电路中的晶振，X4201为晶振标号，14.318MHz是晶振的频率

图4-2 主处理电路图

4.2　主处理电路组成结构

从电路结构上来看，液晶彩色电视机主处理电路主要由视频解码电路、A/D转换电路、去隔行处理电路、图像缩放电路、微处理器电路、存储器等组成。如图4-3所示为主处理电路组成框图。

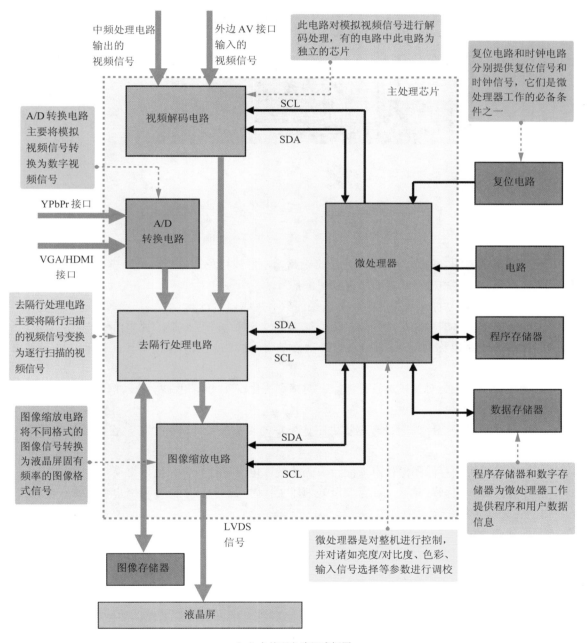

（a）主处理电路组成框图

图4-3　主处理电路组成框图及电路图

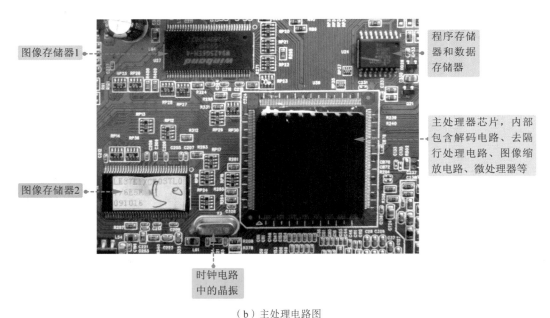

图像存储器1

程序存储器和数据存储器

主处理器芯片，内部包含解码电路、去隔行处理电路、图像缩放电路、微处理器等

图像存储器2

时钟电路中的晶振

（b）主处理电路图

图4-3　主处理电路组成框图及电路图

视频解码电路的功能是将电视信号接收电路输出的或由外部接口输出的模拟视频信号进行解码处理，变为亮度和色差或者数字视频图像信号。

A/D转换电路的功能是模拟视频信号转换为数字视频信号。

去隔行处理电路的功能是将隔行扫描的视频信号变换为逐行扫描的视频信号。

图像缩放电路也称为scaler电路，它的功能是将不同格式的图像信号转换为液晶屏固有频率的图像格式信号。

微处理器的功能是对整机进行控制，并对诸如亮度/对比度、色彩、输入信号选择等参数进行调校。

复位电路和时钟电路为微处理器提供工作所需的复位信号和时钟信号，它们都是微处理器工作的必备条件之一。

图像存储器用于存储图像信息，配合去隔行处理电路进行暂存和数据交换。

程序存储器和数据存储器主要存储微处理器工作时所需的程序文件和用户数据信息。

1.　主处理芯片

主处理芯片中集成了视频解码电路、A/D转换电路、去隔行处理电路、图像缩放电路、微处理器等电路模块。其中，视频解码电路能够对数字视频进行压缩或者解压缩；A/D转换电路能够对模拟信号进行转换，成为数字信号；去隔行处理电路能够把一帧图像分解为奇数场和偶数场信号发送；图像缩放电路能够将不同图像格式的信号转换为液晶屏固有分辨率的图像信号；微处理器能够发出各种控制信号，控制液晶彩色电视机的正常工作。如图4-4所示为液晶彩色电视机中的主处理芯片。

时钟电路中的晶振, 上面的12.000表示其频率, 下面的Y3是其标号

U39是芯片的图形标号, 与电路图中相对应

复位电路中的元器件

主处理芯片, 上面通常覆盖一个散热片

三角表示此处的引脚为第1引脚

（a）主处理芯片MST69M9L

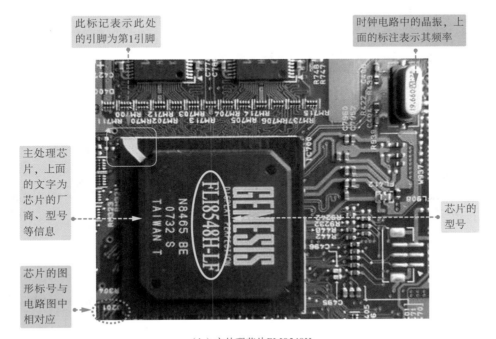

此标记表示此处的引脚为第1引脚

时钟电路中的晶振, 上面的标注表示其频率

主处理芯片, 上面的文字为芯片的厂商、型号等信息

芯片的型号

芯片的图形标号与电路图中相对应

（b）主处理芯片FLI8548H

图4-4 液晶彩色电视机中的主处理芯片

2. 图像存储器

图像存储器又称为外部存储器，主要与图像数字处理电路相配合，通过多根总线和地址来实现图像信息的存储和调用。图像存储器一般有两个，位置通常在主处理芯片附近。如图4-5所示为图像存储器。

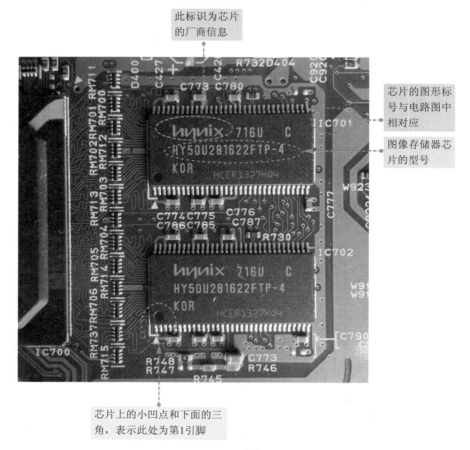

此标识为芯片的厂商信息

芯片的图形标号与电路图中相对应

图像存储器芯片的型号

芯片上的小凹点和下面的三角，表示此处为第1引脚

图4-5 图像存储器

3. 程序存储器和数据存储器

程序存储器即flash存储器，用于存储MCU（微处理器）工作时的程序，该程序不可改写，在液晶彩色电视机出厂时已经设定好，直接与微处理器相连。

数据存储器（EEPROM）也称为用户存储器，用来存储用户数据，如亮度、音量、频道等信息。直接与微处理器相连。如图4-6所示为数据存储器。

4. 晶振

晶振主要用来与主处理芯片内部的振荡器一起构成时钟电路，为主处理电路提供时钟信号。如图4-7所示。

上拉电阻，位于芯片I²C总线上

24LC64为芯片的型号

芯片的图形标号与电路图中相对应

芯片上的小凹点，表示此处为第1引脚

电路板上的三角表示此处为第1引脚

图4-6　数据存储器

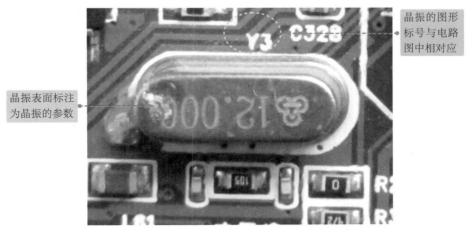

晶振的图形标号与电路图中相对应

晶振表面标注为晶振的参数

图4-7　晶振

在上面的结构图中，视频解码电路、A/D转换电路、去隔行处理电路、图像缩放电路、微处理器电路被集成到一个芯片中，有些液晶彩色电视机的这部分电路中，视频解码电路为一个独立的芯片；A/D转换电路、去隔行处理电路、图像缩放电路被集成到一起成为一个独立的芯片，称为数字图像信息处理电路；微处理器为一个独立的芯片，如图4-8所示。

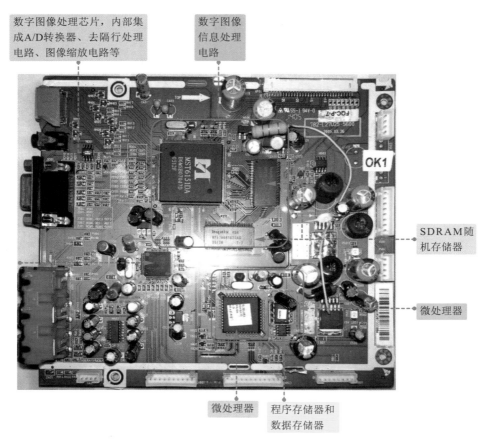

数字图像处理芯片，内部集成A/D转换器、去隔行处理电路、图像缩放电路等

数字图像信息处理电路

SDRAM随机存储器

微处理器

微处理器

程序存储器和数据存储器

图4-8   主处理电路板

4.3   主处理电路的工作原理

在对液晶彩色电视机进行维修前，对其工作原理的学习是非常必要的，本节将重点讲解主处理电路的工作原理。

前面讲过主处理电路主要包括视频解码电路、数字图像信号处理电路、系统控制电路等，下面详细讲解这些电路的工作机制。

4.3.1   视频解码电路工作机制

液晶彩色电视机的视频解码电路的功能是将电视信号接收电路输出的或由外部接口输出的模拟视频信号进行解码处理，变为亮度和色差或者数字视频图像信号。在以前的一些液晶彩色电视机中，视频解码电路通常为一个独立的芯片，随着芯片集成度越来越高，现在大多数液晶彩色电视机都将视频解码电路集成到了主处理芯片中。

视频解码电路一般由A/D转换电路、Y/C分离电路、Y/C切换电路、色度调解电路等来完成视频解码功能。如图4-9所示为视频解码电路功能框图。

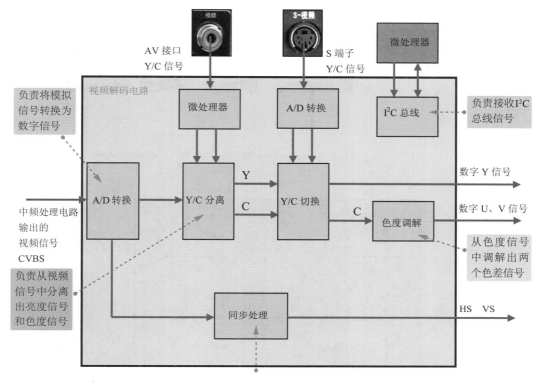

图4-9　视频解码电路功能框图

视频解码电路的工作机制如下：

中频处理电路输出的CVBS视频信号被送入视频解码电路中，先由A/D转换电路将模拟视频信号转换为数字视频信号，然后经过Y/C分离电路将亮度信号Y和色度信号C分离，分离后的Y、C信号被送到Y/C切换电路，与S端子输入的Y、C信号切换后，直接输出数字Y信号，而色度C信号接着被送到色度调解电路，解调出两个色差信号U、V，然后输出数字U、V信号。

同时经A/D转换后的CVBS视频信号被送到同步处理电路，输出同步信号HS和VS，即行和场同步信号。

综上所述，CVBS视频信号经过视频解码电路解码处理后，输出数字视频信号和行/场同步信号。

4.3.2　数字图像信号处理电路工作机制

可以说数字图像信号处理电路是整个液晶彩色电视机的核心部分，它主要用于将解码电路输出的数字图像信号先转换为逐行视频信号，再将图像信号转换为液晶屏固有分辨率的图像格式信号，输出LVDS图像信号。数字图像信号处理电路通常由去隔行处理电路、图像缩放电路、图像存储器等组成。如图4-10所示为数字图像信号处理电路框图。

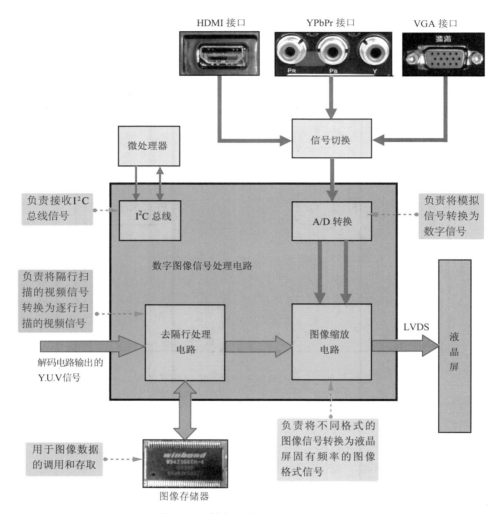

图4-10   数字图像信号处理电路框图

数字图像信号处理电路的工作机制为:

从解码电路输出的数字Y.U.V视频信号被送入去隔行处理电路,进行噪波抑制处理,将隔行扫描转换为逐行扫描处理、帧频变换处理等,被送入图像缩放电路中进行处理。接着进行视频缩放处理、分量视频处理、图像格式变换等,输出LVDS视频信号。

4.3.3   系统控制电路工作机制

在液晶彩色电视机中,系统控制电路具有十分重要的作用,它负责对整机的协调与控制,主要对遥控信号或按键信号进行识别,并将其转换成各种控制信号,通过I²C总线送到其他电路中,对液晶彩色电视机的频道、频段、音量、声道、屏幕亮度以及制式等进行控制。

系统控制电路主要由微处理器(MCU)、程序存储器、数据存储器、复位电路、时钟电路、按键电路、遥控电路等组成。如图4-11所示为系统控制电路框图。

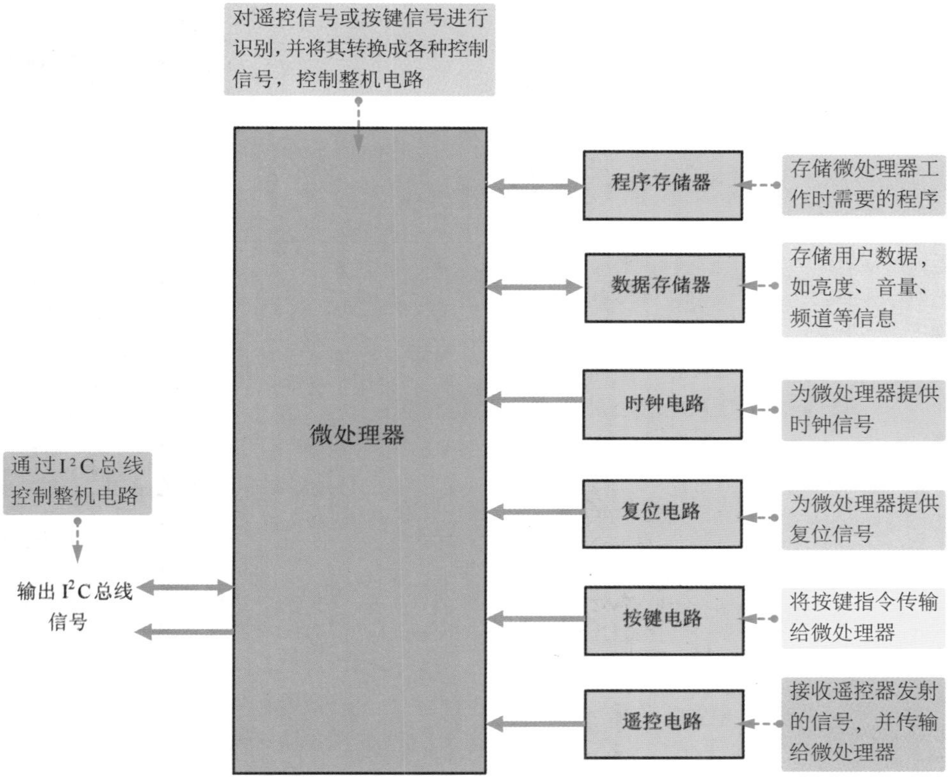

图4-11　系统控制电路框图

系统控制的工作机制为：

首先开关电源输出的直流电压经过DC/DC供电电路转换后，为微处理器提供工作时所需的供电电压。在获得供电后，振荡器和外部的晶振及谐振电容一起工作，产生时钟脉冲信号，经过分频后作为微处理器电路正常工作的时钟信号。同时在获得供电后，复位芯片由输出端输出复位信号，将微处理器复位，此时微处理器在获得供电、时钟信号和复位信号后开始工作。

接着微处理器从存储器中调用所存储的数据信息，经过处理后，变成各种控制信号，送到高频调谐器、视频解调电路、音频电路、视频电路，控制液晶彩色电视机整机正常工作。

当用户通过遥控器或本机按键向微处理器发送来人工指令，微处理器接收到人工指令后，输出I²C总线信号以及液晶显示屏、高压电路、指示灯电路、音频电路、视频电路等的控制信号，控制液晶彩色电视机整机工作。

4.3.4　主处理电路工作原理

不同的液晶彩色电视机主处理电路不同，但其工作原理基本相同，下面以海尔LK37K1液晶显示器为例讲解液晶显示器主处理电路的工作原理。

如图4-12所示为海尔LK37K1液晶显示器主处理电路。

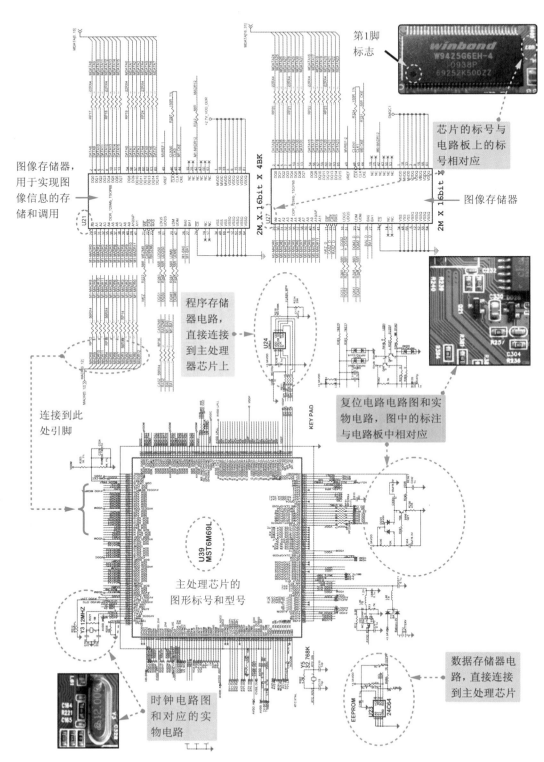

第1脚标志

芯片的标号与电路板上的标号相对应

图像存储器，用于实现图像信息的存储和调用

图像存储器

程序存储器电路，直接连接到主处理器芯片上

连接到此处引脚

复位电路电路图和实物电路，图中的标注与电路板中相对应

主处理芯片的图形标号和型号

数据存储器电路，直接连接到主处理芯片

时钟电路图和对应的实物电路

图4-12 海尔LK37K1液晶显示器主处理电路

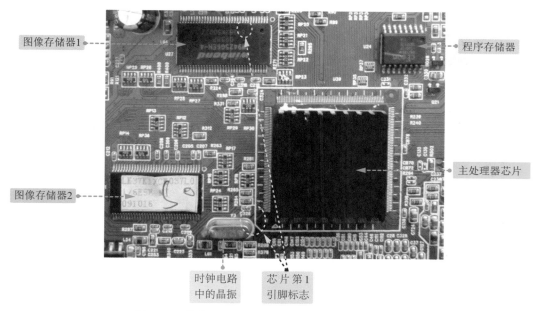

图4-12 海尔LK37K1液晶显示器主处理电路（续）

图中，U21和U27为两个128MB的图形存储器，主要是配合主处理电路工作。通过多根总线和地址来实现图像信息的存储和调用。

U24为程序存储器，用来存储微处理器工作时所需的程序。

U23为数据存储器，用来存储用户的数据，包括亮度、音量、频道等信息。

Y5和Y3为晶振，与谐振电容和芯片内部的振荡器一起产生时钟频率信号，为芯片工作提供时钟信号。

U39（MST6M69L）是主处理电路芯片，其内部集成了MCU、视频信号和音频信号处理电路、A/D转换电路、变频电路、上屏信号形成电路。它输入视频信号、VGA信号、USB信号、YPbPr信号和HDMI信号，输出音频信号、视频信号、LVDS信号、多总线控制信号和不同模拟量信号。

MST6M69L芯片主要引脚的功能如下：

第2、3引脚为USB过流检测信号输入端，当电视机USB接口上的USB设备出现短路而过流时，过流信号通过该两脚进入芯片内部，经芯片内部电路处理后，关闭USB接口的供电电路。

第4～7、9、10、12、13引脚为HDMI信号输入端，输入信号来自HDMI接口或HDMI信号切换开关。若电视机出现接收HDMI信号图像不正常或无图像，检查HDMI接口、HDMI接口存储器或HDMI信号切换开关是否正常。

第6、7、9、10、12、13引脚为HDMI的差分信号输入。

第16、17引脚为HDMI相关电路总线接口，外接HDMI接口存储器、HDMI信号切换开关。

第18、19、23～26引脚为VGA信号输入端，输入信号来自VGA接口。若电视机出现接收VGA信号图像不正常或无图像，检查VGA接口相关电路是否正常。

第26、25、23引脚分别为VGA的R、G、B信号输入。

第27～33引脚为YPbPr信号输入端，输入信号来自YPbPr接口。若电视机出现接收YPbPr信号图像不正常或无图像，检查YPbPr接口相关电路是否正常。

第4、5引脚为HDMI的时钟差分信号输入。

第33引脚为Pr信号输入、第28引脚为Pb信号输入、第30引脚为Y信号输入。

第41、40引脚分别为SHVS的Y、C信号输入。

第44引脚为AV1视频信号输入。

第43、45引脚为AV2视频信号输入。

第49引脚为视频输出。

第70、71引脚为音频输出。

第74、75引脚的音频输出至运放LM358的2、引6脚。

第52、53引脚为SIF音频输入。

第60、61引脚为VGA的伴音输入。

第58、59引脚为AV2、Y2U2V2的伴音输入。

第56、57引脚为AV1、SVHS的伴音输入。

第38～41、43、44、46、47引脚为视频信号输入端，输入信号来自视频信号输入接口和高频调谐器。若电视机出现接收视频信号图像都不正常或无图像，检查视频信号输入接口相关电路是否正常。

第51～63引脚为音频信号输入端。

第70、71、74、75引脚为音频信号输出端。输入信号来自高频调谐器和音频信号接口。若电视机出现接收所有信号声音不正常故障。检查这些引脚是否有伴音输出或伴音是否正常。

第83、84、86、87、88、91、92、93、115～128、164、165引脚为CPU部分的控制量输出/输入端，输出/输入的控制量有LJSB信号切换选择和电源控制信号、HDMI信号切换选择控制、指示灯驱动控制、上屏电压形成电路控制、逆变器启动控制、背光灯调光控制、遥控信号输入和本机控制信号输入等。

第128引脚为复位引脚，复位高电平复位为20ms宽的方波，正常时为低电平。

第135～146、148～160引脚为LVDS数字图像信号和同步时钟信号输出端，芯片内部上屏电压形成电路形成的上屏电压从这些脚输出后通过上屏线送往液晶屏上的逻辑板。LVDS信号输出脚的电压有信号时，正常电压在0V～1.4V之间，若电视机出现图像不正常或有光栅、无图像、无字符显示故障，测量LVDS信号输出脚电压不在上述电压范围之内，则是芯片工作不正常。

第129～132引脚外接程序存储器，存储CPU部分工作程序，通过时钟线、数据线与CPU进行信息交换，工作不正常，会造成电视机工作不正常。

第201～207、209～214、225～228、231～232、234～239、242、243引脚外接帧存储器，通过时钟线、数据线、地址线与帧存储器进行信息交换，完成二次开机正常启动和不同信号的变频处理。若存在故障无法与帧存储器进行信息交换，电视机将出现二次不能开机或图像出现花屏故障。

第252、253引脚外接元件与芯片内部相关电路共同组成时钟振荡电路，产生芯片内部不同模块电路所需要的时钟信号。

主处理电路工作原理如下：

首先开关电源输出的直流电压经过DC/DC供电电路转换后，为主处理芯片提供工作时所需的供电电压。在获得供电后，芯片内部的振荡器通过第252和253引脚和连接的晶振Y3及谐振电容C164和C165共同构成的时钟振荡电路，产生12MHz时钟脉冲信号，经过分频后，为主处理芯片内部电路提供时钟信号。

与此同时，U39（MST6M69L）的第128引脚连接的三极管Q21，电容C304、C232，电阻R236、R257、R239、R240，二极管DD28等组成的复位电路。在开机瞬间，3.3V电压经过电阻R236分压后，加在电容C304的一端，由于C304两端电压不能突变，3.3V电压供给的瞬间给电容C304充电的过程，三极管Q21基极得到一个导通电压，三极管Q21导通，使U39第128引脚电压升高，128引脚获得一个由低到高的复位信号，使微处理器电路复位。

此时，U39内部的微处理器电路在获得供电、时钟信号和复位信号后开始工作。通过第129~132引脚从U24程序存储器调取启动工作程序，开始启动。接着再从U39的第93引脚从U23数据存储器调取所存储的用户数据信息，经过处理后，变成各种控制信号，送到高频调谐器、视频解调电路、音频电路、视频电路，控制液晶彩色电视机整机正常工作。

与此同时，电视信号接收电路开始工作输出CVBS视频信号，此信号通过主处理芯片U39（MST6M69L）的第46、47引脚被送入芯片内部的A/D转换电路，将模拟视频信号转换为数字视频信号，然后经过视频解码电路中的Y/C分离电路、Y/C切换电路、色度调解电路处理后，分离出数字Y信号和数字U、V信号。同时数字视频信号被送到同步处理电路，输出行同步信号HS和场同步信号VS。

接着数字Y.U.V视频信号被送入去隔行处理电路和图像缩放电路进行噪波抑制处理，将隔行扫描转变为逐行扫描处理、帧频变换处理、视频缩放处理、分量视频处理、图像格式变换等，从135~159引脚输出LVDS视频信号，然后输出给显示屏处理后，显示出电视画面。

当用户通过遥控器或本机按键向主处理芯片中的微处理器电路发送来人工指令，芯片接收到人工指令后，输出I²C总线信号以及液晶显示屏、高压电路、指示灯电路、音频电路、视频电路等控制信号，控制液晶彩色电视机整机工作。

4.3.5　时钟电路工作原理

时钟电路负责产生电路部分工作所需的时钟信号，有了时钟信号、复位信号和供电，主处理电路中的各个模块电路才能开始工作，时钟信号是主处理电路工作的基本条件。主处理电路中的时钟电路主要用于微处理器电路、图像处理电路等，主处理电路中常用的时钟频率主要有11.000MHz、12.000MHz、36.768KHz等。

1. 时钟电路的组成结构

时钟电路主要由晶振、谐振电容、振荡器（集成在主处理芯片或微处理器芯片中）等组成，如图4-13所示为时钟电路实物图和原理图。

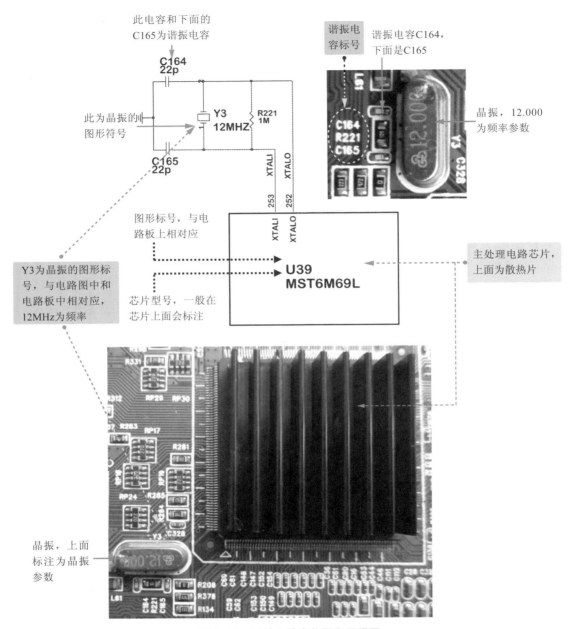

图4-13　时钟电路实物图和原理图

图4-13中，微处理器连接的时钟电路，产生12.000MHz的时钟频率，其中，XTALI为晶振输入引脚，XTALO为晶振输出引脚，输入、输出两个引脚连接晶振，两个引脚间有0.4V左右的电压差。

时钟电路中的振荡器集成在主处理芯片中，在它的外部会连接一个晶振和两个谐振电容。时钟电路中的晶振是石英晶体振荡器的简称，英文名为Crystal，它是时钟电路中最重要的部件，它的作用是将输入其内部的电压信号转换成频率信号。

晶振从外形上看主要有柱型晶振和贴片晶振，如图4-14所示为电路中的贴片晶振。

图4-14　电路中的贴片晶振

2. 时钟电路工作原理

时钟信号是微处理器电路开始工作的基本条件之一，在电路中有着非常重要的作用。下面分析一下时钟电路的工作原理。

当液晶彩色电视机接入电源线后，液晶彩色电视机的电源电路就产生5V待机电压，此电压直接为主处理芯片内部的振荡器供电，时钟电路在获得供电后开始工作，为主处理芯片内部的微处理器电路中的开机模块提供所需的时钟频率。

当按下液晶彩色电视机的电源开关时，主处理芯片内部的微处理器电路收到开机信号，向供电电路发出控制信号，接着供电电路、复位电路开始工作输出工作电压和复位信号，驱动控制电路在获得时钟信号、电压信号和复位信号后便开始工作，进入工作状态。

4.3.6　复位电路工作原理

复位电路主要为微处理器芯片或主处理芯片中的微处理器电路提供复位信号。复位信号是主处理电路工作的必需条件之一，因此复位电路能否正常工作，直接关系到液晶彩色电视机能否正常工作。

复位电路主要分为由复位芯片组成的复位电路和由分立元件组成的复位电路两种。

1. 由复位芯片组成的复位电路

由复位芯片组成的复位电路主要由复位芯片、电阻、电容和微处理器等组成，如图4-15所示为复位电路原理图。

图中，U4202（AP1702）为一个高电平有效的复位芯片，它是一种最简单的电源监测芯片，封装只有三只引脚，如图4-16所示为AP1702的引脚图。AP1702在系统上电和掉电时都会产生复位脉冲，在电源有较大的波动时也会产生复位脉冲，而且也可以屏蔽一些电源干扰。

小知识：

通常意义上来讲，复位芯片是代替阻容复位的，通常用在复位波形要求比较高的场合，就比如RC复位，它的波形比较迟缓，而且一致性差，如果是用专用的复位芯片，输出的复位波形就非常好。

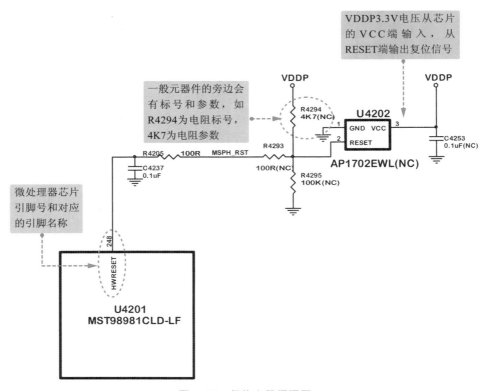

图4-15 复位电路原理图

复位电路的工作原理如下：

当液晶彩色电视机启动时，3.3V电压VDDP加到复位芯片U4202的VCC端，当电压上升到芯片的复位阈值电压3.08V时，复位芯片从$\overline{RESET}$端输出由低到高的复位信号（此复位信号会保持140ms）。此复位信号经过微处理器的HWRESET端进入微处理器内部的逻辑电路。微处理器接收到复位信号后，开始执行复位程序，实现复位。

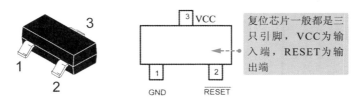

图4-16 AP1702的引脚图

2. 由分立元件组成的复位电路

由分立元件组成的复位电路主要由电容、电阻、二极管、三极管等组成，通过电容的放电来产生复位信号。如图4-17所示为由分立元件组成的复位电路。

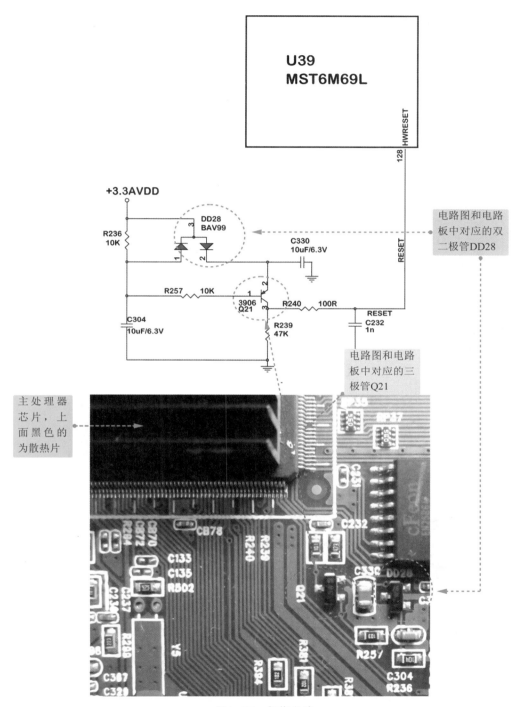

图4-17 复位电路

图中，由R236、DD28、R257、C330、C304、Q21、R239、R240组成的电路为复位电路。
复位电路工作原理为：开机时由C304和C330电容放电，主处理芯片的第128引脚HWRESET

电压从1.65V~0V变化，使芯片内部的微处理器电路复位。然后再由微处理器电路输出的高电平进入数字图像处理电路内部的逻辑电路，将数字图像处理电路复位。

4.3.7 存储器电路工作原理

存储器的作用是用来存储数据。当用户利用功能按键进行功能调节后，微处理器电路便使用I²C总线将调整后的数据存储在数据存储器中。当再次开机时，便从存储器中调出数据。

存储器电路主要由存储器芯片、上拉电阻、电容和主处理芯片（或微处理器）等组成，如图4-18所示为存储器电路图。

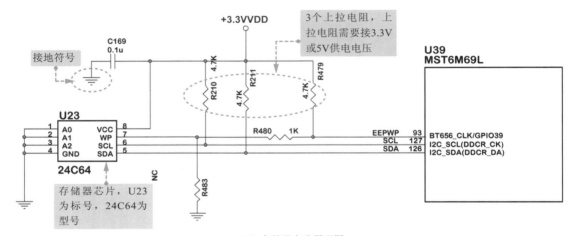

（a）存储器电路原理图

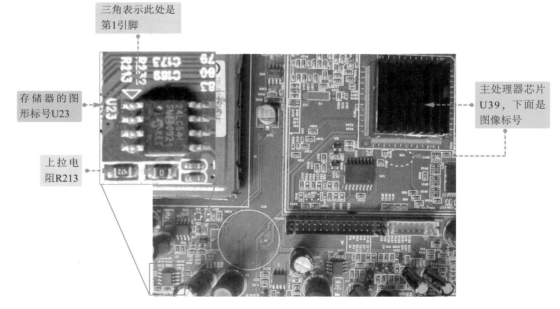

（b）存储器电路实物图

图4-18 存储器电路图

　　图中，R210，R211，R479为上拉电阻，24LC64为存储器，存储用户调整后的数据。WP、SCL和SDA分别连接到主处理器电路U39（MST6M69L）的第93引脚、127引脚和126引脚，负责传输控制信号、时钟信号和数据信号。在液晶彩色电视机中常用的存储器主要有程序存储器、用户数据存储器和图像存储器等，如图4-19所示为数据存储器。

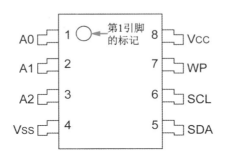

图4-19　数据存储器

　　其中，A0、A1、A2为地址引脚通常接低电平，用于确定芯片的硬件地址。WP为控制引脚，连接微处理器电路的读写控制端，由微处理器电路控制存储器的读写。SCL引脚为I²C总线串行时钟信号输入端，SDL为I²C总线串行数据输入、输出端，数据通过这条双向I²C总线串行传送，SDA和SCL都需要和正电源间各接一个上拉电阻。

　　存储器与微控制器之间的通信采用的是I²C总线。I²C总线是一种串行数据总线，只有两根信号线，一根是数据线SDA信号，另一根是时钟线SCL信号。在I²C总线上传送的一个数据字节由8位组成。总线对每次传送数据的字节数没有限制，但是每个字节后必须跟一个应答位。数据传送首先传送最高位（MSB）。

　　I²C总线的数据传送格式是：

　　在I²C总线发出开始信号后，送出的第一个字节数据是用来选择从器件地址的，其中前7位为地址码，第8位为方向位(R/W)读写控制。方向位为"0"表示发送，即主器件把信息写到所选择的从器件；方向位为"1"表示主器件将从从器件读信息。开始信号发出后，系统中的各个器件将自己的地址和主器件送到总线上的地址进行比较，如果与主器件发送到总线上的地址一致，则该器件即为被主器件寻址的器件，其接收信息还是发送信息，由第8位（R/W）确定。

　　在I²C总线上每次传送的数据字节数不限，但每一个字节必须为8位，而且每个传送的字节后面必须跟一个应答位（ACK），ACK信号在第9个时钟周期时出现。数据传送时，每次都是先传最高位，通常从器件在接收到每个字节后都会作出响应，即释放SCL线返回高电平，准备接收下一个数据字节，主器件可继续传送。如果从器件正在处理一个实时事件而不能接收数据时，（例如正在处理一个内部中断，在这个中断处理完之前就不能接收I²C总线上的数据字节）可以使时钟SCL线保持低电平，从器件必须使SDA保持高电平，此时主器件产生1个结束信号，使传送异常结束，迫使主器件处于等待状态。当从器件处理完毕时将释放SCL线，主器件继续传送。当主器件发送完一个字节的数据后，接着发出对应于SCL线上的一个时钟（ACK）认可位，在此时钟内主器件释放SDA线，一个字节传送结束，而从器件的响应信号将SDA线拉成低电平，使SDA在该时钟的高电平期间为稳定的低电平。从器件的响应信号结束后，SDA线返回高电平，进入下一个传送周期。

　　与微处理器连接的存储器都具有I^2C总线接口功能，由于I^2C总线可挂接多个串行接口器件，在I^2C总线中每个器件应有唯一的器件地址，按I^2C总线规则，器件地址为7位数据，即一个I^2C总线系统中理论上可挂接128个不同地址的器件。

　　存储器与微处理器电路间数据的传送原理为：

　　当时钟线SCL为高电平时，数据线SDA由高电平跳变为低电平定义为"开始"信号，起始状态应处于任何其他命令之前；当SCL线处于高电平时，SDA线发生低电平到高电平的跳变为"结束"信号。开始和结束信号都是由微处理器产生。在开始信号以后，总线即被认为处于忙碌状态；在结束信号以后的一段时间内，总线被认为是空闲的。

4.3.8　按键电路工作原理

　　液晶彩色电视机的按键电路板一般安装在液晶彩色电视机的侧边或下方，它的功能是通过按键对液晶彩色电视机的亮度、色度等参数进行设置。在按键电路板上通常有4~6个按键，还有一些发光二极管作为指示灯。

　　按键电路的作用是通过按键将人工操作的指令送入主处理芯片中的微处理器电路中，并将设置的数据保存到存储器中。按键电路主要由按键、电阻、稳压二极管、接口、发光二极管等组成。如图4-20所示为按键电路。

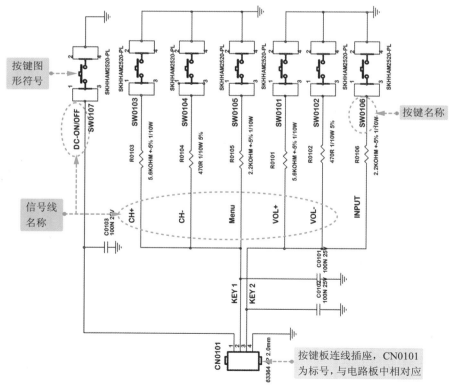

图4-20　按键电路

　　按键电路的工作原理为：

　　图中按键电路板通过CN0101与主控制电路板相连，将人工操作的指令送入主处理芯片中的微处理器中。当按下电源开关按键时，按键电路通过接口的DC_ON/OFF针脚向微处理器发送一个低电平信号，微处理器接收到开机信号后，触发内部各个电路开始工作，启动液晶显示器的各个电路，同时微处理器向指示灯发送控制信号，使指示灯中的绿色LED发光。当再次按下电源开关后，电视中的各个电路被关闭。

　　当用户按下SW0101按键（VOL+）后，按键电路会通过KEY2端口向微处理器发送1.1V的电平信号，微处理器接收到信号后，会向音频控制电路发送控制信号，增加喇叭的音量。

　　其他按键的操作原理同上。

第 5 章

液晶彩色电视机音频电路运行原理

液晶彩色电视机音频电路主要功能是处理放大音频信号，最后驱动扬声器重现声音信号。液晶彩色电视机音频电路一般使用多制式音频信号处理电路。

5.1 看图识别液晶彩色电视机中的音频电路

5.1.1 看图识别音频电路

音频电路是液晶彩色电视机中的一个主要电路，也称为伴音电路，主要是将电视信号中的音频信号进行解码，放大处理，然后驱动喇叭发声。液晶彩色电视机中的音频电路一般是独立的电路，打开液晶彩色电视机只要沿着喇叭的连接线找到主控制电路板，就能看到音频电路中的主要元器件。如图5-1所示。

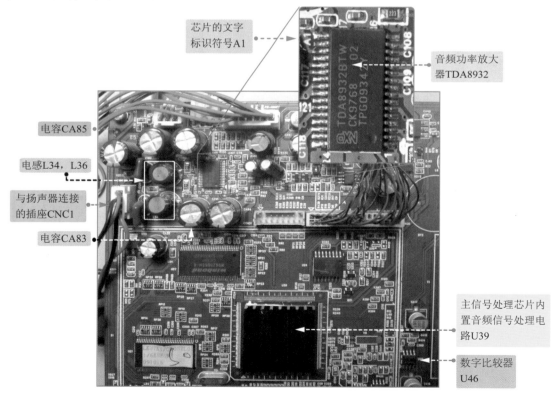

图5-1 液晶彩色电视机中的音频电路

5.1.2 看图认识电路图中的音频电路

在印制电路板时，为了维修方便，通常会在电路板上印制元器件的文字标识符号，如U1，或A1等。另外在芯片的上面通常也会印制芯片的型号等信息，如TDA8932等 。电路板中的这些标识信息与电路图中的标识信息均会一一对应，如图5-2所示为音频电路图。

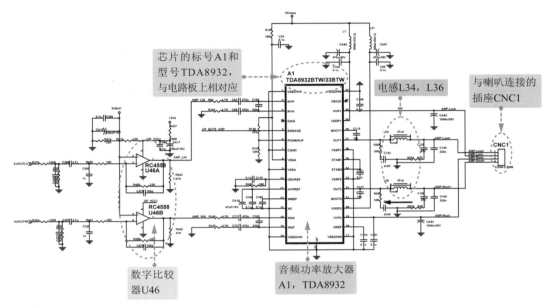

图5-2 音频电路图

经过对比图5-1和图5-2可以发现，电路板中的音频电路和电路图中的元器件标识信息均一一对应，这样可以在维修电路故障时，根据电路图中的标识信息，在电路板中准确地找到易坏元器件，并测试它。

5.2 液晶彩色电视机音频电路的组成结构

音频电路是指专门处理音频信号的电路，该电路是液晶彩色电视机非常重要的电路之一，下面来讲解液晶彩色电视机音频电路的功能和组成结构。

5.2.1 音频电路的功能

液晶彩色电视机音频电路的功能是把中频信号放大电路输出的全电视信号经过高通滤波器取出音频调频信号，再送入音频信号处理器电路处理，最后经过音频功率放大电路将信号放大后，驱动液晶彩色电视机内部的喇叭或外接耳机发出声音。

或者将外部接口（AV接口）输入的音频信号，经过音频信号处理器电路处理，经过音频功率放大电路将信号放大后，驱动液晶彩色电视机内部的喇叭或外接耳机发出声音。如图5-3所示为音频电路结构框图。

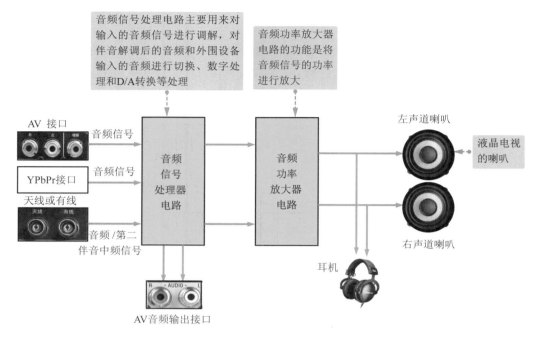

图5-3 音频电路结构框图

5.2.2 音频电路的基本组成结构

液晶彩色电视机音频电路一般由音频信号处理电路（有的被集成在主信号处理芯片中）、音频功率放大器电路、喇叭等组成。如图5-4所示为液晶彩色电视机中的音频电路。

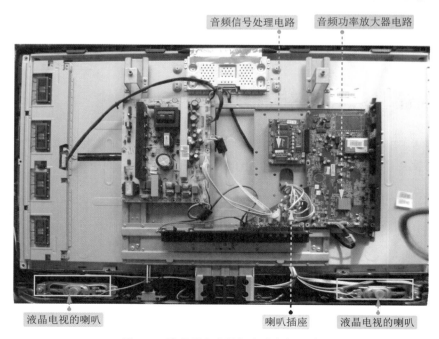

图5-4 液晶彩色电视机中的音频电路

1. 音频信号处理电路

液晶彩色电视机中的音频信号处理电路主要用来对输入的音频信号进行调解，对伴音解调后的音频和外围设备输入的音频进行切换、数字处理和D/A转换等处理，该电路拥有全面的电视音频信号处理功能，通过进行音调、平衡、音质、静音和AGC等的控制，将处理后的音频信号送入音频功率放大器进行放大。

常见的音频信号处理芯片有：MSP3410G、MSP3463G、MT8222、NJW1161、NJW1142等。如图5-5所示为音频信号处理器芯片。

此半圆形缺口表示半圆左边的针脚是第1引针

此为芯片的型号

图5-5　音频信号处理器芯片

2. 音频功率放大电路

液晶彩色电视机中的音频信号经过音频信号处理器处理后，功率较小，一般无法直接驱动喇叭发声。要想驱动喇叭发声，需要将音频信号的功率进行放大，在液晶彩色电视机中一般经过音频信号处理器处理后的音频信号都要经过音频功率放大器进行功率放大处理。那么音频电路中的功率放大电路就是专门将音频信号的功率进行放大的电路。

常见的音频功率放大电路芯片主要有：TPA3004D2、TDA8932、TDA1517、CD1517、TA2024/TDA8944、TFA9842AJ，TFA9843(B)J等，如图5-6所示。

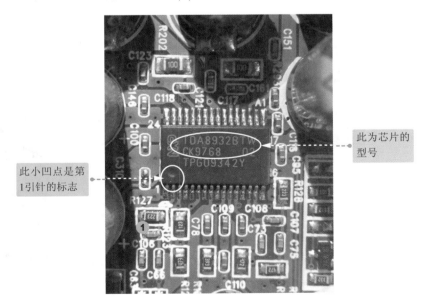

此小凹点是第1引针的标志

此为芯片的型号

图5-6　TDA8932音频功率放大器芯片

5.3 液晶彩色电视机音频电路工作原理

液晶彩色电视机音频电路的任务是完成电视伴音的解调和放大，使声音信号有足够的功率推动扬声器。音频电路由伴音中频滤波器（带通滤波器）、第二伴音中放限幅放大器、鉴频器、前置放大器、音量控制、功率放大器等电路组成。通常把伴音中频放大器、鉴频器和电子音量衰减器集成在一块集成电路中，或与图像中频电路集成在一起。

5.3.1 音频电路的信号工作流程

如图5-7所示为液晶彩色电视机音频电路。图中，AV音频输入信号、YPbPr音频输入信号、VGA音频输入信号、射频/有线电视音频信号等音频信号经过调谐器和中频电路或音频切换电路处理后，将音频信号或第二伴音信号送入音频信号处理电路，音频信号处理器电路对输入的音频信号经过解调、数字处理和D/A转换等处理，然后将音频信号输入音频功率放大器电路进行功率放大，再驱动喇叭或耳机发声，同时也会输出AV音频信号，经过射极输出器处理后，从AV接口输出。

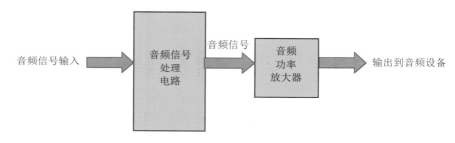

（a）音频电路原理简图

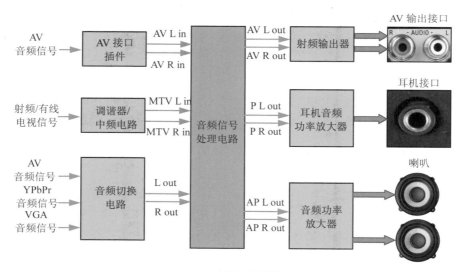

（b）音频电路框图

图5-7 液晶彩色电视机音频电路图

喇叭
接口

音频功率
放大器及
散热片

AV输入/
输出接口

音频信号
处理电路

射频及中
频电路

（c）液晶彩色电视机音频电路实物图

图5-7　液晶彩色电视机音频电路图（续）

5.3.2　音频电路工作原理

下面我们以典型的液晶彩色电视机中的音频处理电路为例，具体分析其工作原理。

1. 海尔LK37K1液晶彩色电视机音频电路工作原理

如图5-8所示为海尔LK37K1液晶彩色电视机音频电路原理图。图中，U39（MST6M69L）为主处理芯片，其内部集成音频信号处理电路，它最多可支持4路立体声（L/R）和一路单声道输入，其中单声道主要是为TV输入提供的。对于HDMI，可支持采样频率为32kHz、44.1kHz、48kHz；在输出方面，它内置了音频DAC和一个线性输出，一路重低音输出；在音效处理方面，MST6M69L具有音量平衡、低音、高音、静音、均衡器、假立体声和环绕声等功能。在海尔LK37K1液晶彩色电视机中有一路TV音频信号输入；两路AV音频信号输入；高清Y/YPB/PR和PC音频信号经74HC4052切换后输入。

A1（TDA9832）为音频功率放大器芯片，主要将U39输出的音频信号进行放大。TDA9832内部具备两个完全一样的音频功率放大器。它可以被当作带有音量控制的两个独立的单一通道。其最大增益可达26个分贝。32个管脚封装。其第7引脚可作为音量控制。它包含一个独特的保护电路，芯片内部多种温度测量，当为最大输出功率时，把电压极可能地提供给电路。

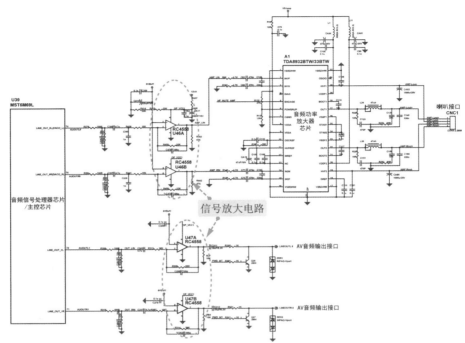

（a）海尔LK37K1液晶彩色电视机音频电路原理图

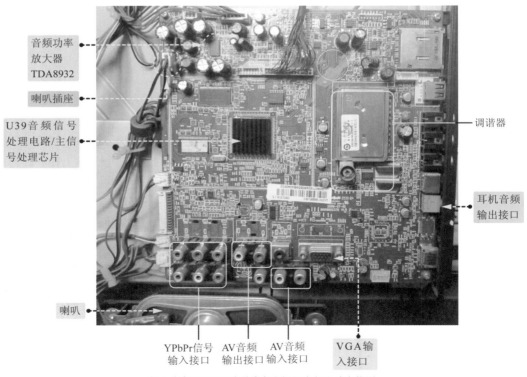

（b）海尔LK37K1液晶彩色电视机音频电路实物图

图5-8　海尔LK37K1液晶彩色电视机音频电路图

海尔LK37K1液晶彩色电视机音频电路工作原理如下：

TV电视射频信号经高频头接收，在内部进行混频放大后，输出38MHz的中频信号。38MHz的中频信号分成两路，其中一路由电容耦合器及滤波处理后，输出伴音中频信号，再经过中频信号处理电路进行解调处理后输出TV音频信号。

此TV音频信号经过滤波后，被送入U39的第62引脚，经过U39内部信号切换、数字处理和D/A转换处理后，由芯片第74、75引脚输出左/右声道音频信号；同理，由外接接口（AV接口等）送来的左/右声道音频信号经过滤波后，送入芯片U39的第60和61引脚或第56和57引脚，经过U39芯片内部音频电路处理后，由芯片第74、75引脚输出左/右声道音频信号。

从U39中的音频信号处理器电路输出的左（L）声道音频信号经过电阻R278、R439、R288，电容C236、C365、C366低通滤波后，进入U46运算放大器第2引脚，进行放大处理，然后从第1引脚输出放大的音频信号。接着此音频信号再经过电阻R92、电容C63后被送入音频功率放大器A1（TDA8932）的第2引脚。经过音频功率放大器内部电路放大后，从第27引脚输出左声道音频信号。

同时，从U39中的音频信号处理器电路输出的右（R）声道音频信号经过电阻R294、R441、R299，电容C237、C367、C329低通滤波后，进入U46运算放大器第6脚，进行放大处理，然后从第7引脚输出放大的音频信号。接着此音频信号再经过电阻R140、电容C73后被送入音频功率放大器A1（TDA8932）的第14引脚。经过音频功率放大器内部电路放大处理后，从第22脚输出右声道音频信号。

输出的左右声道音频信号经过喇叭插座连接到左右两个喇叭，驱动喇叭发声。

2. 海信TLM26V68液晶彩色电视机音频电路工作原理

如图5-9所示为海信TLM26V68液晶彩色电视机音频电路图。图中，U10（R2S15908）为音频信号处理器芯片，它最多可支持4路立体声(L/R)和一路单声道输入，其中单声道主要是为TV输入提供的。在输出方面，它内置了音频DAC和一个线性输出，一路重低音输出。

N23（TDA7266）为音频功率放大器芯片，主要将U10输出的音频信号进行放大。

TV电视射频信号经高频头接收，在内部进行混频放大后，输出38MHz的中频信号。38MHz的中频信号分成两路，其中一路由电容耦合器及滤波处理后，输出伴音中频信号，再经过中频信号处理电路进行解调处理后输出TV音频信号。

此TV音频信号经过滤波处理后，被送入U10的第5和6引脚，经过U10内部信号切换、数字处理和D/A转换处理后，由芯片第27、28引脚输出左/右声道音频信号；同理，由外接接口（AV1/AV2/S端子等接口）送来的左/右声道音频信号经过滤波处理后，送入芯片U10的第3和8引脚或第2和9引脚，经过U10芯片内部音频电路处理后，由芯片第27、28引脚输出左/右声道音频信号。

从U10中的音频信号处理器电路输出的左（L）声道音频信号经过电阻R231，电容C201、C160低通滤波后，进入U15运算放大器第2脚，进行放大处理，然后从第1引脚输出放大的音频信号。接着此音频信号再经过电阻R413、R422、电容C184、C179后被送入音频功率放大器N23（TDA7266）的第12引脚。经过音频功率放大器内部电路放大后，从第15引脚输出左声道音频信号。

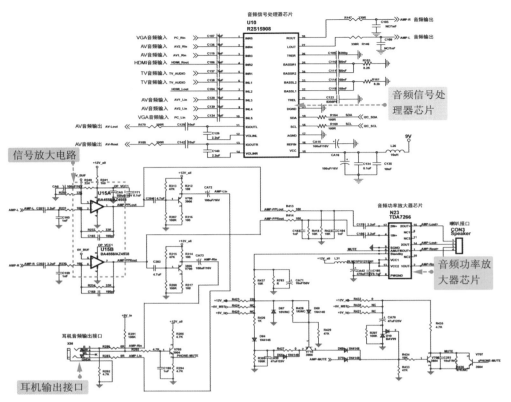

（a）海信TLM26V68液晶彩色电视机音频电路原理图

（b）海信TLM26V68液晶彩色电视机音频电路实物图

图5-9　海信TLM26V68液晶彩色电视机音频电路图

同时，从U10中的音频信号处理器电路输出的右（R）声道音频信号经过电阻R230，电容C202、C159低通滤波后，进入U15运算放大器第6引脚，进行放大处理，然后从第7脚输出放大的音频信号。接着此音频信号再经过电阻R414、R418，电容C183、C186后被送入音频功率放大器N23（TDA7266）的第4引脚。经过音频功率放大器内部电路放大后，从第1引脚输出右声道音频信号。

输出的左右声道音频信号，经过喇叭插座连接到左右两个喇叭，驱动喇叭发声。

3. 音频电路控制原理

在日常使用液晶彩色电视机时，经常会调整电视的音量，或将电视静音，具体的控制原理如下：

当用户通过遥控器按下静音按钮时，遥控器发送遥控信号，此信号被电视机中的遥控接收器收到后，发送到主处理芯片中的MPU（微处理器）单元，接着主处理器通过相应的引脚发出高电平静音信号（AMP_MUTE信号），此信号通过二极管D70、电阻R434、三极管V706后被送入N23（TDA7266）音频功率放大器的第6引脚，控制N23（TDA7266）音频功率放大器无转换，所以无音频信号输出，达到静音控制目的。

第 6 章

液晶彩色电视机接口电路
运行原理详解

　　各种输入/输出接口是液晶彩色电视机必备的部件，一般在液晶彩色电视机的后面和侧面可以看到很多接口。这些接口主要负责向液晶彩色电视机输入电视信号、视频图像信号、声音信号及输出音频和视频信号。这些接口都通过相应的电路与主处理电路或音频电路相连，如果液晶彩色电视机的接口电路出现问题，通常会导致接口无法使用。

6.1　看图识别液晶彩色电视机中的接口电路

6.1.1　看图识别接口电路

　　液晶彩色电视机接口电路主要在液晶彩色电视机的主处理电路板上，这些接口可以直接从外部连接相应的设备。如图6-1所示为液晶彩色电视机的接口。

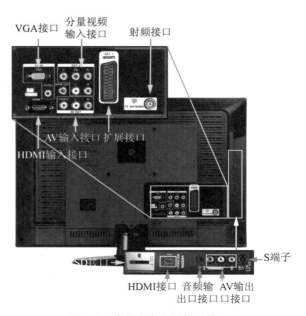

图6-1　液晶彩色电视机的接口

从外观上看，液晶彩色电视机的接口电路主要由主处理芯片、接口插座、存储器、上拉电阻、滤波电容、门电路等组成。如图6-2所示为液晶彩色电视机的接口电路。顾名思义，上拉电阻就是把端口连接到电源的电阻，上拉电阻的主要作用在于提高输出信号的驱动能力、确定输入信号的电平（防止干扰）等。而滤波电容主要用于对外接口旁路干扰电路，一般此类电容应该使用安规电容。

图6-2　液晶彩色电视机的接口电路

6.1.2　看图认识电路图中的接口电路

如图6-3所示为电路图中的接口电路图。图中，大的长方形为电路中比较大的集成电路（如U39为主处理器芯片。在长方形的内部是各个引脚的名称，在长方形外部是各个引脚的标号和连接的元器件。另外，图中U6为存储器芯片。

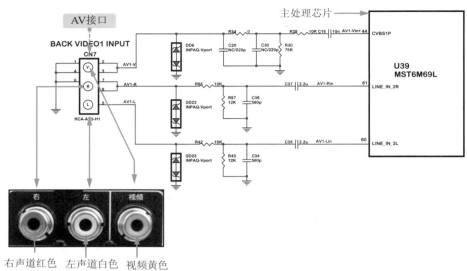

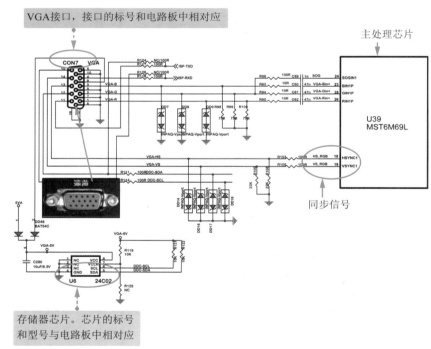

图6-3 液晶彩色电视机中的接口电路图

6.2 接口电路的组成结构

液晶彩色电视机的接口主要包括AV输入接口、S端子输入、USB输入接口、SD卡输入接口、HDMI高清输入接口、分量输入接口、音频输入接口、音频输出接口、AV输出接口、VGA接口、耳机输出接口等。这些接口的接口电路基本都是由接口插座、主处理芯片（包括微处理器、视频解码电路、数字图像信号处理电路）等组成。如图6-4所示为液晶彩色电视机接口电路组成框图。

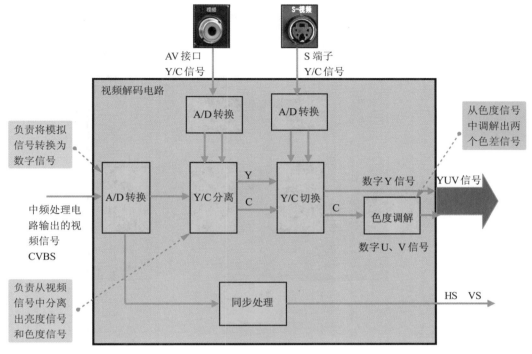

（a）AV接口和S端子接口电路

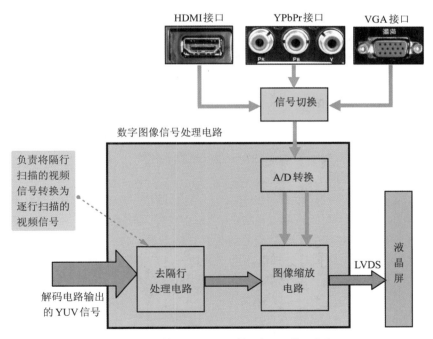

（b）HDMI接口、YPbPrAV接口和VGA接口电路

图6-4　液晶彩色电视机接口电路组成框图

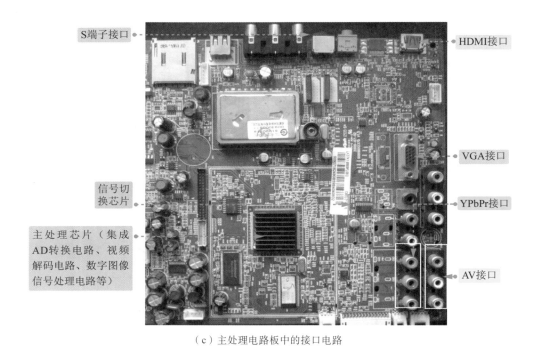

（c）主处理电路板中的接口电路

图6-4　液晶彩色电视机接口电路组成框图（续）

6.3　接口电路的工作原理

　　在对液晶彩色电视机接口电路进行维修前，对其工作原理的学习是非常必要的，本节将重点讲解接口电路的工作原理。

6.3.1　AV接口电路工作原理

　　如图6-5所示为AV接口电路图，图中CN7为AV接口。其中，V为视频信号接口，R为右声道接口，L为左声道接口。U39（MST6M69L）为主处理器芯片。

　　AV接口电路工作原理如下：

　　AV信号通过CN7接口输入液晶彩色电视机后，经过DD6、DD22、DD23双向限幅、电阻R43、R97、R30进行阻抗匹配，再经过电容C16、C35、C37耦合后，从主处理器芯片的第44、60、61引脚进入主处理器芯片中。之后信号首先被送入解码电路对全电视信号进行解码，然后送往液晶彩色电视机数字视频信号处理电路进行处理，之后输出LVDS信号给液晶屏，最后通过液晶屏将视频图像显示出来。

　　小知识：

　　AV接口的出现首次把视频和音频进行了分离传输，但是其负责视频传输的只有一条线，故这种传输方式还是先将亮度和色度混合，然后在显示设备上进行解码显示。所以，在视频传输质量上还有一些损失的。AV接口曾经被广泛应用在早期的VCD和DVD机与电视机的连接上。

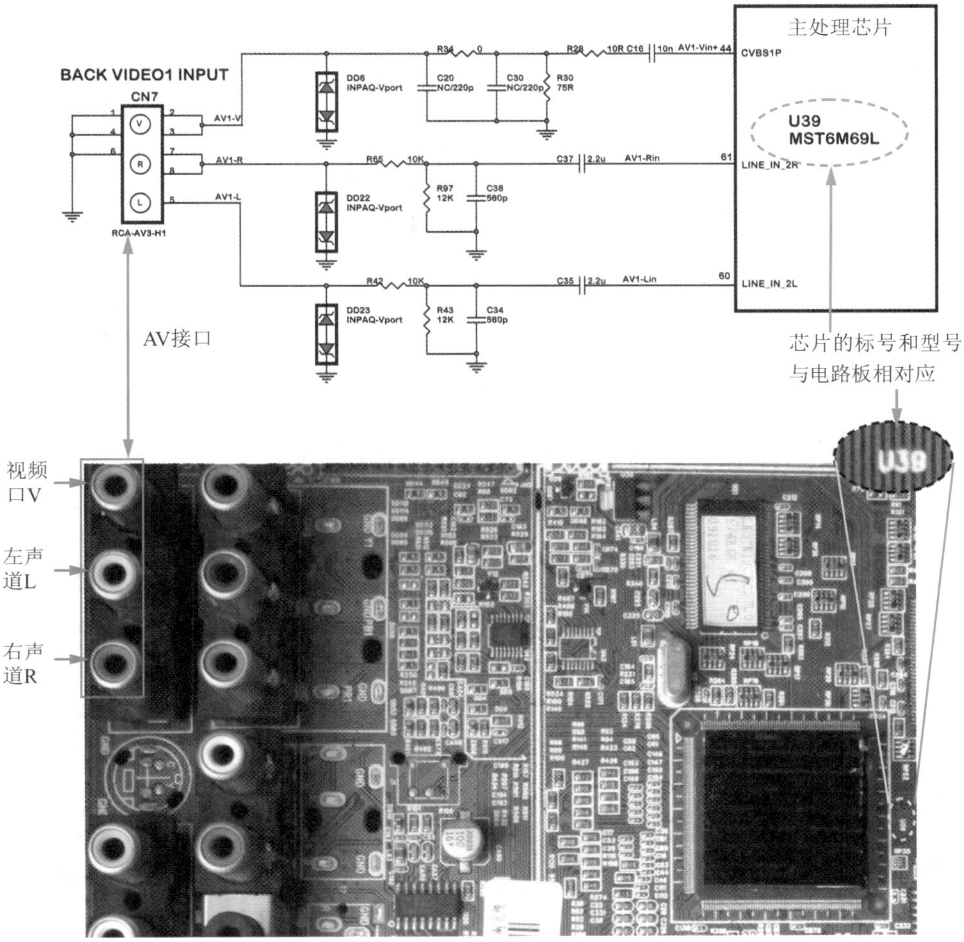

图6-5　AV接口电路图

6.3.2　S端子电路工作原理

　　如图6-6所示为S端子接口电路图，图中T12为S端子接口，S端子的全称为S-Video，意思就是将全电视信号分开传输，也就是在AV接口的基础上将色度信号C和亮度信号Y进行分离，再分别以不同的通道进行传输。S端子总共有7个引脚，其中，第3引脚为亮度信号Y，第4引脚为色度信号C，其他为接地引脚。图中U39（MST6M69L）为主处理器芯片。

　　S端子电路工作原理如下：

　　由于S端子不再进行Y/C混合传输，因此也就无须进行亮色分离和解码工作。当视频信号经过S端子进入液晶彩色电视机后，经过DD20、DD19双向限幅、电阻R53、R59进行阻抗匹配，再经过电容C81、C52耦合后，从主处理器芯片的第40、41引脚进入主处理器芯片中。之后信号首先被送入解码电路对全电视信号进行解码，然后送往液晶彩色电视机数字视频信号处理电路进行处理，之后输出LVDS信号给液晶屏，最后通过液晶屏将视频图像显示出来。

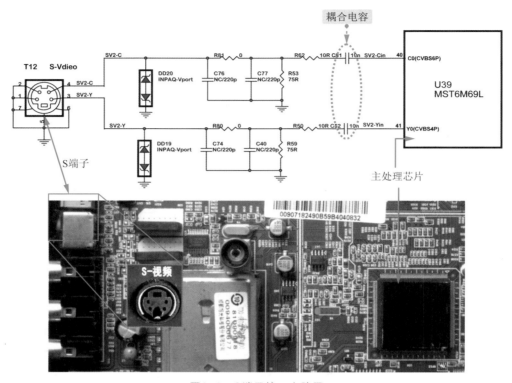

图6-6　S端子接口电路图

6.3.3　VGA接口电路工作原理

　　VGA（Video Graphics Adapter）接口是一个模拟信号接口，又称为D-SUB接口。从外观看，VGA接口共有3排，15只针脚，每排5只引脚。如图6-7所示为VGA接口实物图及针脚顺序图。

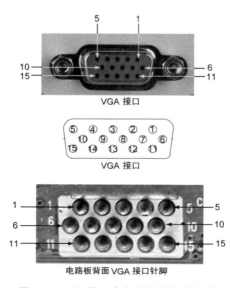

图6-7　VGA接口实物图及针脚顺序图

VGA接口中主要包括红、绿、蓝三色信号，垂直同步、水平同步信号和用来同MCU通信的串行数据和串行时钟信号。VGA接口各个针脚功能如表6-1所示。

表6-1　VGA接口各个针脚功能

引　脚	名　　称	功　　能
1	红色信号（R）	三基色信号的输入通道，在显示器内直接接尾板
2	绿色信号（G）	
3	蓝色信号（B）	
4	地址线 ID2	发送数据地址线TXD
5	GND	在显卡上接地，用来判断是否连接主机
6	红地	接地，起屏蔽作用
7	绿地	
8	蓝地	
9	空脚或+5V	接电脑
10	同步地SGND	同步信号接地脚
11	地址线ID0或接地	接收数据地址线RXD
12	SDA或地址线ID1	I²C总线
13	行同步信号HS	给MCU传输行、场信号，MCU依次来判断显示模式和工作模式
14	场同步信号VS	
15	SCL或地址线ID3	I²C总线

VGA接口电路的功能主要是接收电脑传输的数字图像信号，然后经过模/数转换器转换后，传输给主处理器芯片进行处理。

VGA接口电路主要由VGA接口插座、主处理器芯片、存储器等组成。如图6-8所示为VGA接口电路原理图。

图中，VGA接口的红（R）、绿（G）、蓝（B）信号被送入主处理器芯片U39（MST6M69L）的第63、60、58引脚，红地、绿地、蓝地信号被接入图像处理器的第26、25、23引脚。行同步信号（VGA的第13引脚的HSYNC信号）和场同步信号（VGA的第14引脚的VSYNC信号）被接入图像处理器的第18、19引脚。

提示

行、场同步信号的作用是保证图像信号从发送端到接收端稳定、准确地传送信号。电视信号发送端为了使接收端的行扫描与场扫描规律与其同步，在行（场）扫描进程结束后，向接收机发出一个脉冲信号，表示这一行（场）已经结束，这个脉冲信号就是行（场）同步信号。

发送数据地址线TXD（VGA的第4引脚）、接收数据地址线RXD（第11引脚）被接入主处理器芯片U39的第117、118引脚；I²C总线信号SDA、SCL（VGA接口的第12、15引脚）被接入EEPROM存储器芯片U6的第5、6引脚。

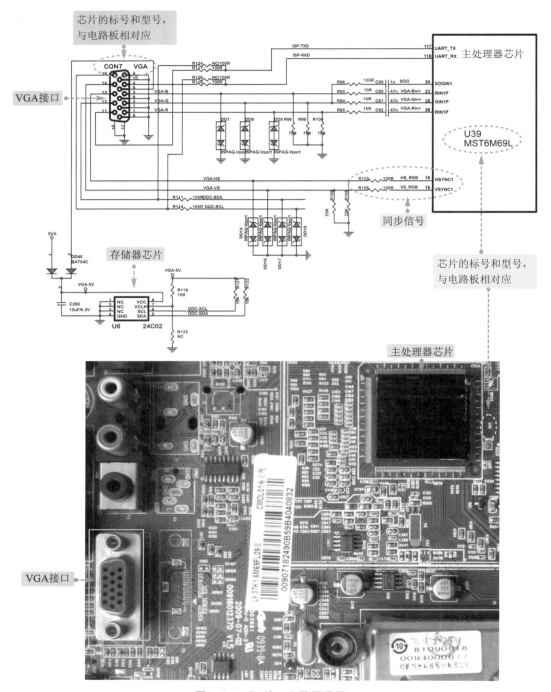

图6-8　VGA接口电路原理图

提示

I²C总线是由数据线SDA和时钟SCL构成的串行总线，可发送和接收数据。在微处理器与被控芯片之间进行双向传送，最高传送速率100kbit/s。各种被控制电路均并联在这条总线上，但就像电话机一样只有拨通各自的号码才能工作，所以每个电路和模块都有唯一的地址。在信息的传输过程中，I²C总线上并接的每一模块电路既是主控器（或被控器），又是发送器（或接收器），这取决于它所要完成的作用。微处理器发出的控制信号分为地址码和控制量两部分，地址码用来选址，即接通需要控制的电路，确定控制的种类；控制量决定该调整的类别（如对比度、亮度等）及需要调整的量。这样各控制电路虽然挂在同一条总线上，却彼此独立，互不相关。

I²C总线在传送数据过程中共有三种类型信号，它们分别是：开始信号、结束信号和应答信号。

- 开始信号：SCL为高电平时，SDA由高电平向低电平跳变，开始传送数据。
- 结束信号：SCL为高电平时，SDA由低电平向高电平跳变，结束传送数据。
- 应答信号：接收数据的芯片在接收到8bit数据后，向发送数据的芯片发出特定的低电平脉冲，表示已收到数据。微处理器向受控单元发出一个信号后，等待受控单元发出一个应答信号，微处理器接收到应答信号后，根据实际情况做出是否继续传递信号的判断。若未收到应答信号，判断为受控单元出现故障。

VGA接口电路的工作原理如下：

当电脑通过VGA接口接入液晶彩色电视机的VGA接口时，电脑显卡中的MCU会通过VGA接口的第5脚监测液晶彩色电视机的接入，当此脚的电压为低电平时，主处理器芯片中的微处理器发出控制信号，控制液晶显示屏处于正常工作状态。此时显卡的显示芯片会通过I²C总线（即DDC SCL和DDC SDA组成的DDC通道）访问VGA接口的EDID数据（即从U6存储器中调入接口数据），然后正确驱动新接入的显示器设备（如果所接入的设备有错或者未检测到EDID数据，系统将不启动VGA接口的信号输出）。

当设备连接正常后，电脑中输出的数字图像信息经显卡中的数/模转换器转换成模拟信号，再编码成R、G、B图像信号、行场同步信号等数据信号（这些数据信号中包含一些像素信息、同步信息以及一些控制信息），然后发送到VGA接口（其中VGA接口的第1、2、3、6、7、8引脚为图像数据发送接收引脚，第13、14引脚为行、场同步信号发送接收引脚）。

接着R、G、B图像信号经过DD7、DD8、DD9双向限幅、电阻R98、R99、R100进行阻抗匹配后，从VGA接口的第13、14引脚接收行、场同步信号，从第1、2、3、6、7、8引脚组成的3个数据通道向主处理芯片发送图像数据。

数据收到后直接进入主处理器芯片内部的模/数转换器，将模拟信号转换成数字信号，然后再将这些数据解码，再经过时序控制电路处理，接着将这些信号发送到液晶面板驱动电路中的行、场驱动电路中变成液晶面板的驱动信号，驱动液晶面板工作，将图像显示出来。

第 7 章
液晶彩色电视机显示屏控制
驱动电路运行原理

液晶彩色电视机显示屏控制驱动电路是液晶面板的核心电路，它负责接收主处理电路输出的LVDS视频图像信号，然后将接收的LVDS视频图像信号转换为驱动液晶显示屏的驱动信号，驱动液晶显示屏将电视信号显示出来。

7.1 看图识别液晶彩色电视机中的显示屏控制驱动电路

液晶彩色电视机显示屏控制驱动电路在液晶彩色电视机靠近显示屏的地方，其中一端与主处理电路板相连接，另一端与显示屏相连接。如图7-1所示为显示屏控制驱动电路。

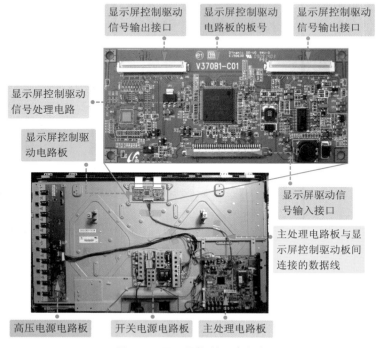

图7-1　显示屏控制驱动电路

　　从图中可以看到，显示屏驱动信号输入接口、显示屏控制驱动信号处理电路、显示屏控制驱动信号输出接口等是显示屏控制驱动电路的主要组成部分。

　　其中，显示屏控制驱动信号是来自主处理电路输出的LVDS信号，两个电路板通过数据线相连接。同样，显示屏控制驱动电路的输出信号也通过数据线与显示屏相连接。

7.2　显示屏控制驱动电路组成结构

　　从电路结构上来看，液晶彩色电视机显示屏控制驱动电路主要由LVDS接收电路（TCON电路）、时序控制电路、存储器、源极驱动电路、栅极驱动电路、供电电路等组成。其中，LVDS接收电路（TCON电路）、时序控制电路、源极驱动电路、栅极驱动电路通常集成在一个芯片中，如图7-2所示为显示屏控制驱动电路组成框图。

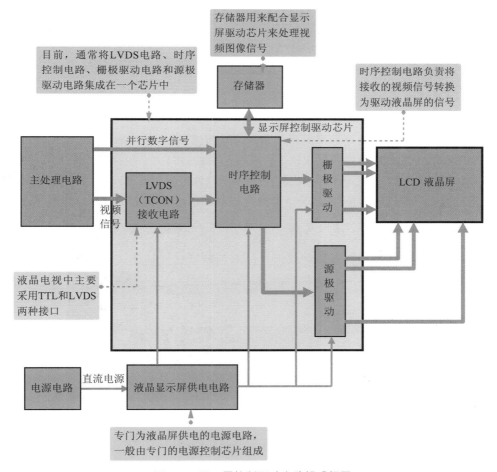

图7-2　显示屏控制驱动电路组成框图

图7-2　显示屏控制驱动电路组成框图（续）

1. 液晶显示屏驱动信号输入、输出接口

液晶彩色电视机主处理电路输出的视频图像信号通过显示屏驱动信号输入接口传送到液晶显示屏驱动电路板中。在液晶彩色电视机中，主要采用的接口类型包括TTL和LVDS接口。在这两种接口中包括的信号主要有：RGB数据信号、像素时钟信号、行同步信号、场同步信号及有效显示数据选通信号等。如图7-3所示为液晶显示屏驱动信号输入接口。

图7-3　液晶显示屏驱动信号输入接口

液晶显示屏的输出接口则是用于将液晶显示屏的驱动信号通过屏线送入液晶显示屏中，驱动液晶显示屏工作。如图7-4所示为液晶显示屏驱动信号输出接口。

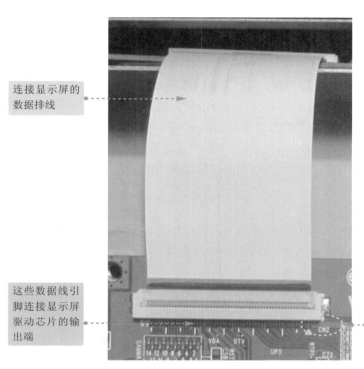

连接显示屏的
数据排线

这些数据线引
脚连接显示屏
驱动芯片的输
出端

接口的图形标号，与
电路图中相对应，三
角表示此处为第1引脚

图7-4　液晶显示屏驱动信号输出接口

2. 显示屏驱动信号处理芯片

显示屏驱动信号处理芯片一般会集成LVDS（TTL）接收电路、时序控制电路、栅极驱动电路和源极驱动电路等。如图7-5所示为液晶显示屏驱动信号处理芯片。

芯片的型号，
与电路图中芯
片型号相对应

芯片的图形标
号，与电路图
中相对应

图7-5　液晶显示屏驱动信号处理芯片

其中，时序控制电路的作用是产生基础时钟，提供给显示时序电路，显示时序电路产生显示时序脉冲序列提供给驱动系统，这些时序作为控制脉冲向液晶显示驱动系统输出，也作为显示数据传输的同步信号控制数据传输通道。

而源极驱动电路的作用是送出波形依序将每一行的薄膜晶体管（TFT）打开。栅极驱动电路的作用是当源极驱动电路将液晶显示屏上一行一行的薄膜晶体管打开时，将位于液晶显示屏上的液晶电容与存储电容充电到所需要的灰阶电压，显示不同的灰阶。

3．存储器电路

存储器电路与主处理电路中的存储器电路功能相同，是用来配合显示屏驱动信号处理电路来处理视频图像信号的。

4．显示屏供电电路

在液晶显示屏的驱动电路中，有专门的液晶显示屏电压供电电路，该供电电路通常由开关电源控制芯片组成。主要将电源电路提供的5V电压转换成显示屏工作需要的12V电压。液晶面板驱动电压主要包括9~15V的源极驱动电压，20~32V和−15~−5V的栅极驱动电压及时序控制电路所需的3.3V、2.5V电压等。如图7−6所示为显示屏供电电路。

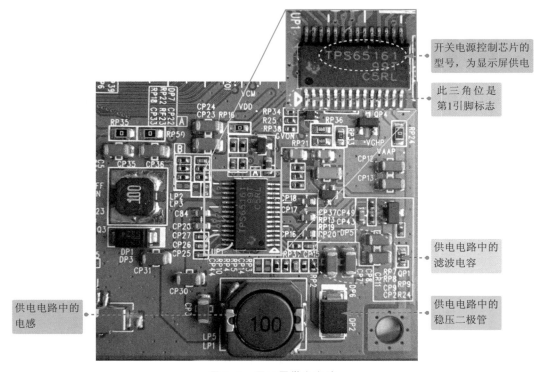

图7−6　显示屏供电电路

7.3　液晶显示屏控制驱动电路的工作原理

液晶显示屏控制驱动电路可以说是电视信号在显示屏上显示出来的最后一步了，在电视信号经过接收电路和中频电路处理后，再经过主处理电路的处理（包括视频解码处理、数字图像信号处理后，传输给液晶显示屏控制驱动电路进行最后的处理，然后传输给液晶屏将电视信号显示出来。下面详细讲解液晶显示屏控制驱动电路的工作原理。

7.3.1　液晶显示屏供电电路工作原理

液晶显示屏供电电路主要为液晶显示屏提供供电，其中液晶面板需要18V左右的源极驱动电压，需要32V左右和–5V左右的栅极驱动电压，时序控制电路需要3.3V、2.5V的工作电压等。

一般液晶显示屏的供电电路都以开关电源控制芯片为核心，外围配合电感、整流二极管、滤波电容等元器件来实现。下面以TPS65161开关电源控制芯片为例讲解液晶显示屏供电电路的工作原理。如图7-7所示为TPS65161开关电源控制芯片组成的供电电路图。

图中，Vin为12V输入电压，VDD为3.3V供电电压、VAA为18V供电电压、VGH为32V供电电压、VGL为–5V供电电压。

TPS65161能够为TFT–LCD面板提供4路符合时序要求的不同电压输出，并具有大电流输出能力，可以为大尺寸液晶彩色电视机和液晶显示器的显示屏电路供电。

液晶显示屏供电电路的工作原理如下：

主处理电路输出的上屏控制指令（ON –PANCEL）打开上屏控制电路后，输出液晶屏所需的上屏电压（12V电压）到显示屏控制驱动电路板，12V电压一方面加到开关电源芯片TPS65161的第22引脚，为芯片提供工作电压；另一方面送到外围电路，产生芯片所需的VAA电压。

在TPS65161第9引脚和16引脚使能控制信号控制下，12V电压通过内部降压转换器产生显示屏驱动芯片和LCD面板所需的3.3V驱动电压VDD。并在升压转换器的作用下，产生源极驱动电路所需的18V电压VAA；同时，通过TPS65161内部进行双倍压转换（泵电源）形成扫描驱动器所需的VGH和VGL电压。

（1）VDD电压产生电路

VDD电压产生电路由TPS65161的第15、17、18、20、21脚内部电路及电感L2、整流二极管D6、取样电阻R7/R8、滤波电容C12/C14等外围电路构成。

在获得工作电压后，内部电路开始工作，从第18脚输出开关脉冲，经D6稳压，L2、C14、C12滤波及限幅后得到3.3V的VDD电压。

该电压经R7和R8分压后反馈到第15引脚，控制内部驱动脉冲的占空比，从而实现稳压控制。

（2）VAA电压产生电路

VAA电压产生电路由TPS65161的第1、2、3、4、5和28引脚内部电路及外围电路构成。TPS65161的第12引脚为主升压转换器工作方式设置，决定其内部电路是工作在脉冲宽度调制或500/750kHz固定开关频率方式。本电路中，第12引脚接12V输入电压，工作在750kHz固定开关频率。

主升压转换器有一个可调节的软启动电路，以防止在启动过程中的高涌流。软启动时间由连接到第28引脚的外部电容器C9设置。第28引脚内部连接一恒流源，与内部电流限制与软启动脚电压成正比。在达到内部软启动的阈值电压时，比较器被释放电流限制。软启动电容器C值越大，软启动时间越长。

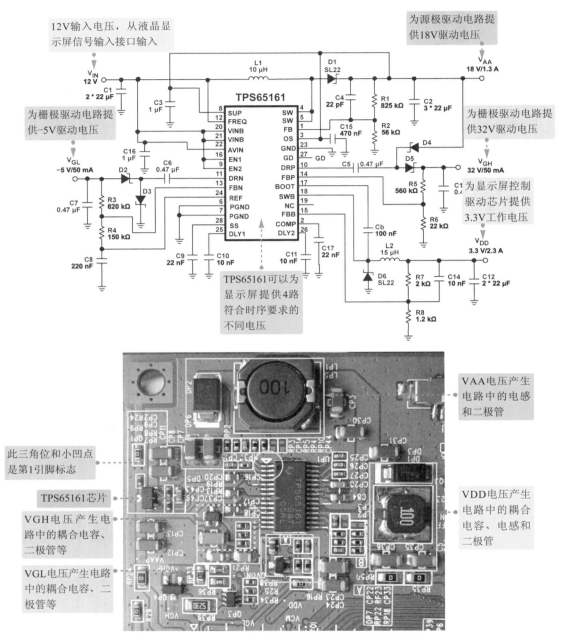

图7-7 TPS65161开关电源控制芯片组成的供电电路图

在获得工作电压后，12V输入电压经C1、L1滤波后，一路加到D1、C2组成的滤波电路，产生VAA电压；另一路加到TPS65161的第4、5引脚。

VAA电压经C15滤波后加到TPS65161的第3引脚，在芯片内部第3引脚内接一个过电压保护开关和过电压保护比较器，过电压保护比较器将第3引脚电压与内部基准电压进行比较，当第3引脚电压上升到18V时，TPS65161内部驱动控制器关掉N通道MOSFET，只有输出电压低于过电压阈值后，内部驱动控制器才会再开始工作。

（3）VGH和VGL电压产生电路

由于液晶屏内集成有数字电路和模拟电路，需要外部提供数字电压和模拟电压。另外，为了完成数据扫描，需要TFT轮流开启/关闭。当TFT开启时，数据通过源极驱动器加载到显示电极，显示电极和公共电极间的电压差再作用于液晶实现显示，因此需要控制TFT的开启电压VGH、关闭电压VGL。

VGH、VGL电压产生电路由TPS65161的第8、10、14、11、13、24脚内部电路及外围电路构成。

主处理电路板上输出的PWR_ON信号到TPS65161的第9引脚，在第26引脚内外部电路延时作用下，第8引脚输入电压VAA经TPS65161内部电流控制与软启动电路控制后从第10引脚输出脉冲电压，经C5耦合后与VAA电压经D4二极管整流后的电压叠加，再经D5二极管整流、C13滤波后产生32V的VGH电压。

该电压经R5和R6分压后反馈到第14引脚，控制内部驱动脉冲的占空比，从而实现稳压控制。

同时，第8引脚输入电压VAA经TPS65161内部电流控制与软启动电路控制后从第11引脚输出脉冲电压，经C6耦合后经D2二极管整流、C7滤波后产生–5V的VGL电压。

该电压经R3和R4分压后反馈到第13引脚，控制内部驱动脉冲的占空比，从而实现稳压控制。

7.3.2 液晶显示屏控制驱动电路工作原理

液晶显示屏控制驱动电路工作原理如下（参考图7-8）：

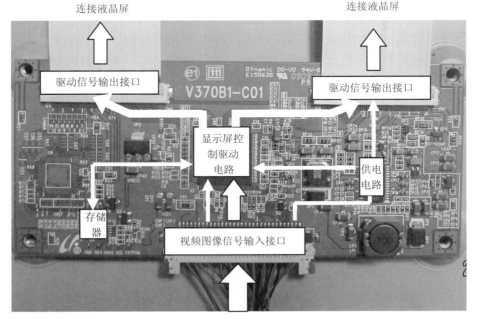

图7-8 显示屏控制驱动电路原理图

首先主处理电路处理完的视频图像信号被转换成LVDS信号后，通过LVDS接口传送到显示屏控制驱动电路板中，经过显示控制驱动芯片中的LVDS接收电路接收转换，时序控制电路处理后，变为液晶显示屏驱动信号，为栅极驱动电路和源极驱动电路提供数据信号。同时，显示屏供电电路为实训控制电路、栅极驱动电路、源极驱动电路等供电，该数据信号经过处理后，变为液晶显示屏驱动信号送入液晶显示屏中；与此同时，背光电路驱动背光灯发光，使液晶显示屏实现高清晰度图像的显示。

在实际工作时，显示屏控制驱动芯片中的时序控制电路对接收的视频图像信号进行处理，产生一个帧同步脉冲信号VSYN、行同步脉冲信号HSYN和移位脉冲CP。

时序信号控制电路产生的列同步脉冲信号VSYN可以使时序信号控制电路内部的行计数器和像素计数器清零，并将信号传递给液晶列驱动电路，通知列驱动电路新的一帧开始了，让液晶板从第0行开始对像素矩阵进行刷新；另外通知地址发生器产生存储器中的第一行显示数据的地址，控制外部存储器将第一行显示数据的信号传递给数据缓冲器，然后送到显示数据输出端。

行同步脉冲信号HSYN令像素计数器清零，并从0开始累计计数，像素计数器累加的频率等于移位脉冲CP的频率。在移位脉冲的作用下，一位一位地依次将数据缓冲器中的显示数据信号移位到显示驱动器中。

在像素计数器累加的过程中，会自动与参数寄存器中"列数寄存器"存储的数值进行比较，达到最大列数后，再发出一个行同步脉冲信号HSYN，此信号令行计数器加1，像素计数器清零，并发出锁存脉冲LP。LP信号将传送到驱动电路的第一行数据信号锁存，同时LP信号通知驱动电路令液晶板的第一行选通并显示出来。

在时序控制电路发出第二个行信号HSYN的同时，通知地址发生器产生存储器地址，取出第二行需显示的信息，像素计数器又从0开始计数，并同时传送第二行的数据。以此类推，逐行显示，最后当行计数器累加到与参数寄存器中的"行数寄存器"的数值相等时，行计数器清零，同时发出帧扫描信号，开始新一帧画面的显示，这样就可以连续显示了。

第 8 章

如何读懂液晶彩色电视机电路图

看懂液晶彩色电视机电路图，并且能在实际工作中灵活运用，是一个专业维修员的基本要求。

8.1 液晶彩色电视机电路图读图基础

8.1.1 什么是电路图

电路图是人们为了研究和工程的需要，用约定的符号绘制的一种表示电路结构的图形。通过电路图可以分析和了解实际电路的情况。这样，我们在分析电路时，就不必把实物翻来覆去地琢磨，而只要拿着一张图纸就可以了，大大提高了工作效率。如图8-1所示为液晶彩色电视机的部分电路图。

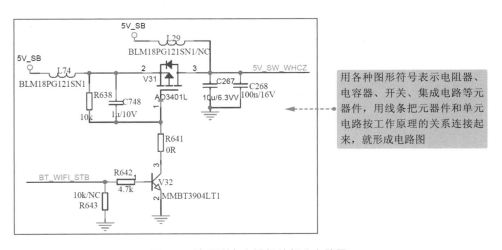

图8-1 液晶彩色电视机的部分电路图

8.1.2 液晶彩色电视机电路图的组成元素

电路图主要由元器件符号、连线、结点、注释四大部分组成。如图8-2所示。

（1）元器件符号表示实际电路中的元件，它的形状与实际的元器件不一定相似，甚至完全不一样。但是它一般都表示出元器件的特点，而且引脚的数目都和实际元器件保持一致。

（2）连线表示的是实际电路中的导线，在原理图中虽然是一根线，但在常用的印制电路板中往往不是线而是各种形状的铜箔块，就像收音机原理图中的许多连线在印制电路板图中并不一定都是线形的，也可以是一定形状的铜膜。还要注意，在电路原理图中的总线的画法经常是采用一条粗线，在这条粗线上再分出若干支线连到各处。

（3）结点表示几个元件引脚或几条导线之间相互的连接关系。所有和结点相连的元器件引脚、导线，无论数目多少，都是导通的。不可避免的，在电路中肯定会有交叉的现象，为了区别交叉相连和不连接，一般在电路图制作时，给相连的交叉点加实心圆点表示，不相连的交叉点不加实心圆点或绕半圆表示，也有个别的电路图是用空心圆来表示不相连的。

（4）注释在电路图中是十分重要的，电路图中所有的文字都可以归入注释一类。细看以上各图就会发现，在电路图的各个地方都有注释存在，它们被用来说明元器件的型号、名称等。

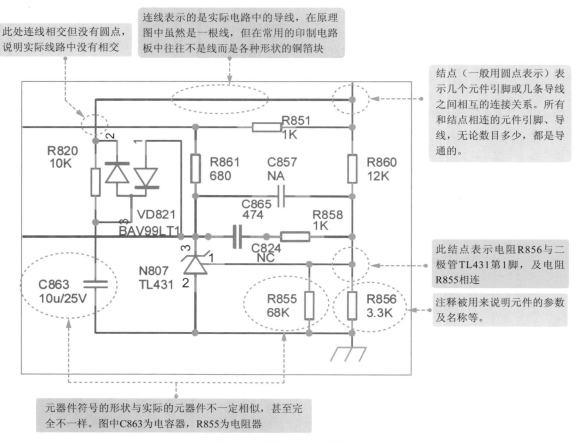

图8-2　电路图组成元素

8.1.3　维修中用到的液晶彩色电视机电路图

日常维修中经常用到的电路图主要有液晶彩色电视机电路原理图，下面详细分析。

电路原理图就是用来体现电子电路工作原理的一种电路图。这种图由于它直接体现了电子电路的结构和工作原理，所以一般用在设计、分析电路中。如图8-3所示。

在电路原理图中，用符号代表各种电子元器件，它给出了产品的电路结构、各单元电路的具体形式和单元电路之间的连接方式。

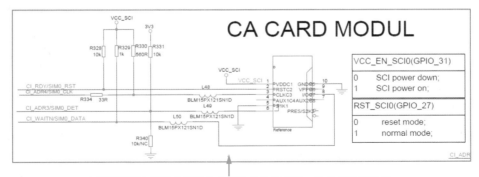

电路原理图中还给出了每个元器件的具体参数，为检测和更换元器件提供依据；另外，有的电路原理图中还给出了许多工作点的电压、电流参数等，为快速查找和检修电路故障提供方便。除此之外，还提供一些与识图有关的提示、信息等

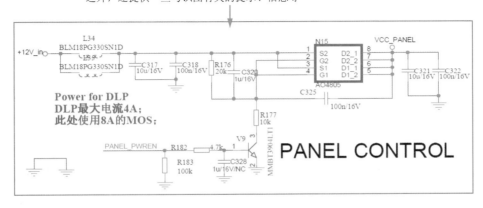

图8-3　电路原理图

8.1.4　液晶彩色电视机电路图中相关名词解释

电路图中会涉及许多英文标识，这些标识主要起到辅助解图的作用，如果不了解它们，根本不知道它们的作用，也就根本不可能看得懂原理图。所以在这里我们会将主要的英文标识进行解释。如表8-1所示。

表8-1　手机电路图中相关名词解释

英 文 标 识	中 文 名 称	英 文 标 识	中 文 名 称
ADC	数模转换器	MEMORY	存储器
ADD	地址	MIC	麦克风
ADDRESS	地址	MODE	模式
AFC	自动频率控制	MOD	调制信号
ALERTER	振铃	MUTE	静音
ANT	天线	NC	空脚
APC	自动功率控制	NTSC	制式
AUDIO	音频	OFST	偏执

英 文 标 识	中 文 名 称	英 文 标 识	中 文 名 称
AVDD	模拟电压	OST	在屏上显示
BACKLIGHT	背光灯	ON	开
BASEBAND	基带	PA	功率放大器
BIAS	偏置	PLA	制式
BLUETOOTH	蓝牙	PCM	脉冲编码调制
BYTE	二进制	PLL	锁相环路
CAMERA	照相机	PURX	复位信号
CARD	卡	Pwrsrc	供电选择
CHANGE	改变	RADIO	射频本振
CHANNEL	频道	RAM	随机存储器
CHARGING	充电	RD	只读
CHIP	芯片	Receiver	接收数据
CLOCK	时钟	REF	参考、基准
COMPASS	罗盘	RESET	复位
CANNECTAOR	连接器	RF	射频
CONTROL	控制	ROM	只读存储器
CPU	中央处理器	RX	接收
CS	片选信号	SEL	片选
DATA	数据	SELECT	选择
DETECT	检测	SENSOR	感应器
DIGITAL	数字	SMOG	数字信号处理器
DSP	数字信号处理器	SPEAKER	扬声器
DVI	数字接口	SPK	扬声器
EARPHON	耳机	SPKN	扬声器负
EL	发光	SPKP	扬声器正
EN	使能	SYNC	同步
ENABLE	使能	SYS	系统
EPPROM	只读存储器	SW	开关
FLASH	闪存	TCP	话音通道
FILFTER	滤波器	TEST	测试
FM	调频	TMDS	调制差分信号
GENOUT	信号发生器	TORCH	手电筒
GND	接地	TOUCH PANEL	触摸屏
HEADSET	送话器	TP	测试点
HORIZONTAL	水平	TX	发射
I/O	输入输出接口	TXC	发信控制
IC	集成电路	TXR	发射射频
IF	中频	VCC	供电电压

英 文 标 识	中 文 名 称	英 文 标 识	中 文 名 称
IN	输入	Vin	输入电压
INT	中断	VDD	驱动电压
INTERFACE	接口	VGH	TFT元件导通压正电压输入
INTERRUPT	切断	VGL	TFT元件关断负电压输入
LCD	液晶屏	VDA	阶调控制电压
LDO	低压差线性稳压器	Vcom	液晶翻转基准电压
LED	发光二极管	VGA	视频图形阵列
LOCK	锁定	VOP	视频
LVDS	低压差分信号	WR	写入

8.1.5　如何查询液晶彩色电视机故障元器件功能

在维修液晶彩色电视机时，当根据故障现象检查电路板上的疑似故障元器件后（如有元器件发热较大或外观有明显故障现象），接下来需要进一步了解元器件的功能，这时通常需要先查到元器件的编号，然后根据元器件的编号，结合电路原理图了解元器件的功能和作用，进一步找到具体故障元器件。如图8-4所示。

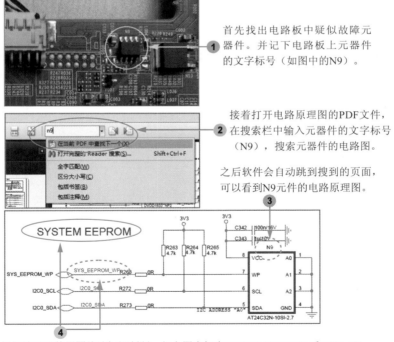

首先找出电路板中疑似故障元器件。并记下电路板上元器件的文字标号（如图中的N9）。

接着打开电路原理图的PDF文件，在搜索栏中输入元器件的文字标号（N9），搜索元器件的电路图。

之后软件会自动跳到搜到的页面，可以看到N9元件的电路原理图。

根据该元器件周围线路标识判断，如上图中标有SYSTEM EEPROM和SYS_EE-PROM，从而说明此芯片的作用是负责存储的，是一个存储系统程序的芯片。

图8-4　查询液晶彩色电视机故障元件功能

8.1.6　根据电路原理图查找单元电路元器件

根据电路原理图找到故障相关电路元器件的编号（如无法开机，就查找电源电路的相关元器件），然后在电路板上找到相应元器件进行检测，如图8-5所示。

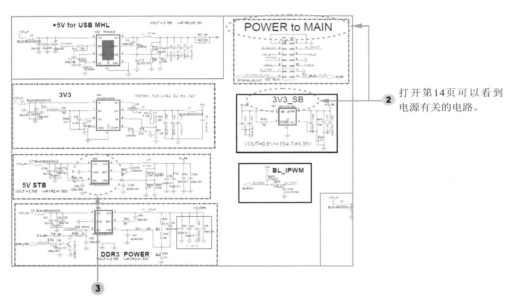

9	11	SOC:OWL
10	12	SOC:POWER (1/3)
11	13	SOC:POWER (2/3)
12	15	SOC:POWER (3/3)
13	20	NAND
14	21	SYSTEM POWER:PMU (1/3)
15	22	SYSTEM POWER:PMU (2/3)
16	23	SYSTEM POWER:PMU (3/3)
17	24	SYSTEM POWER:CHARGER
18	30	SYSTEM POWER:BATTERY CONN
19	31	SENSORS:MOTION SENSORS

① 首先根据电路原理图的目录页（一般在第一页）查找相关电路的关键词。如供电电路就查找SYSTEM POWER对应的页数为14页。

② 打开第14页可以看到电源有关的电路。

③ N89位电源管理芯片的标号，TPS562200为管理芯片的型号。然后在电路板中找到电源电路中的元器件进行检测查找故障。

图8-5　根据电路原理图查找单元电路元件

8.2　看懂电路原理图中的各种标识

读懂电路原理图首先应建立图形符号与电气设备或部件的对应关系以及明确文字标识的含义，才能了解电路图所表达的功能、连接关系等。如图8-6所示。

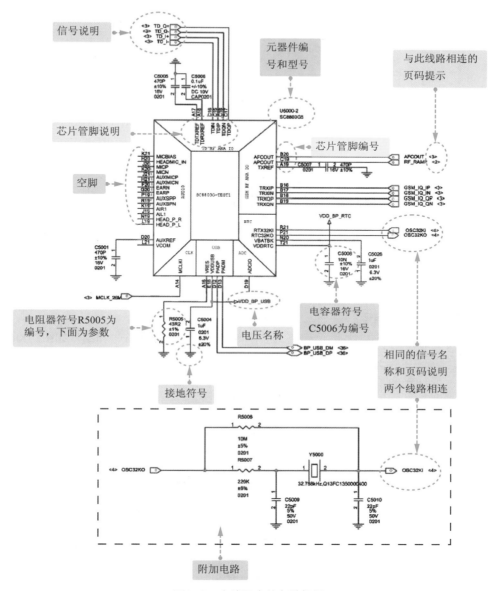

图8-6　电路图中的各种标识

8.2.1　液晶彩色电视机电路图中的元器件编号

电路图中对每一个元件进行编号。编号规则一般为字母+数字，如CPU芯片的编号为U101。

1. 电阻器的符号和编号

在电路中，电阻器的主要作用是稳定和调节电路中的电流和电压，即控制某一部分电路的电压和电流比例的作用。电阻器的符号和编号如图8-7所示。

电阻器一般用"R"、"RF"、"RN"、"FS"等文字符号来表示。除了图中的符号，还用 ▭ 表示电阻器，图中R5030，R表示电阻器，5030是其编号，100k为其容量表示100kΩ，±5%为其精度，0201为其规格

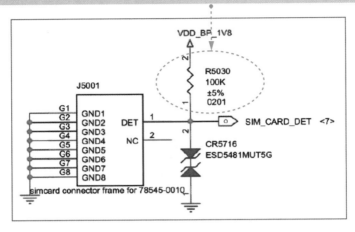

图8-7　电阻器的符号和编号

2. 电容器的符号和编号

在电路中，电容有储能、滤波、旁路、去耦等作用。电容器的符号和编号如图8-8所示。

电容器一般用"C"、"BC"、"TC"或"EC"等文字符号进行表示。图中电容器的符号表示有极性电容，通常用在供电电路中，C607中的C表示电容器，607为编号，22μF为其容量，0603为其规格，6.3V为其耐压参数，±20%为其精度参数

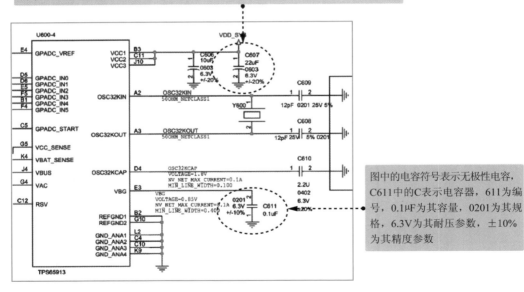

图中的电容符号表示无极性电容，C611中的C表示电容器，611为编号，0.1μF为其容量，0201为其规格，6.3V为其耐压参数，±10%为其精度参数

图8-8　电容器的符号和编号

3. 电感器的符号和编号

电感器的特性之一就是通电线圈会产生磁场，且磁场大小与电流的特性息息相关。当交流电通过电感器时电感器对交流电有阻碍作用，而直流电通过电感器时，可以顺利通过。电感器

的符号和编号如图8-9所示。

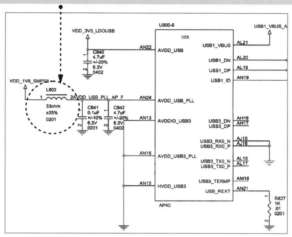

电感器是一般用字母"L"、"PL"等表示。图中电感器的符号表示有铁心的电感器，电感器通常用在供电电路中，L802中的L表示电容器，802为编号，33ohm为其容量，0201为其规格，±25%为其精度参数

图8-9　电感器的符号和编号

4. 二极管的符号和编号

二极管的最大特性就是单向导电，在电路中，电流只能从二极管的正极流入，负极流出。二极管的符号和编号如图8-10所示。

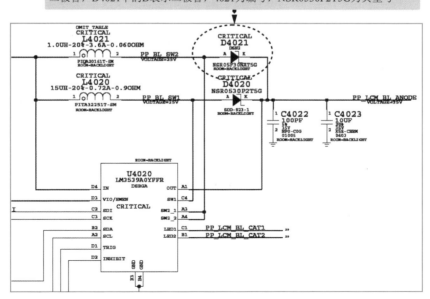

二极管一般用字母"D"、"VD"、"PD"等表示。图中二极管符号表示稳压二极管，D4021中的D表示二极管，4021为编号，NSR0530P2T5G为其型号

图8-10　二极管的符号和编号

5. 三极管的符号和编号

在电路中，三极管最重要的特性就是对电流的放大作用。实质是一种以小电流操控大电流的作用，并不是一种使能量无端放大的过程，该过程遵循能量守恒。三极管的符号和编号如图8-11所示。

三极管一般用字母"Q"、"V"或"BG"表示。图中三极管符号表示双三极管，即内部包含两个三极管，Q802中的Q表示三极管，802为编号，EMD6T2R为其型号。三极管有三个极，b极（基极）、e极（发射极）和c极（集电极）。如果按照导电类型分，可分为NPN型和PNP型

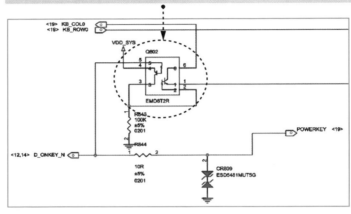

图8-11　三极管的符号和编号

6. 场效应管的符号和编号

场效应管是一种用电压控制电流大小的器件，即利用电场效应来控制管子的电流。场效应管的品种有很多，按其结构可分为两大类，一类是结型场效应管，另一类是绝缘栅型场效应管，而且每种结构又有N沟道和P沟道两种导电沟道。场效应管的符号和编号如图8-12所示。

场效应管一般用字母"Q"、"PQ"等表示。Q5003中的Q表示场效应管，5003为编号，NTA4001NT1G为其型号。场效应管有三个极，G极（栅极）、D极（漏极）和S极（源极）

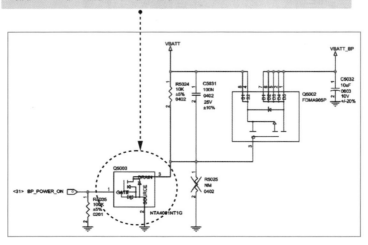

图8-12　场效应管的符号和编号

7. 晶振的符号和编号

晶振的作用在于产生原始的时钟频率，这个频率经过频率发生器的放大或缩小后就成电路中各种不同的总线频率。晶振的符号和编号如图8-13所示。

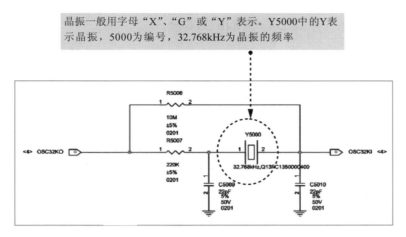

图8-13　晶振的符号和编号

8. 稳压器的符号和编号

稳压电路是一种将不稳定直流电压转换成稳定的直流电压的集成电路。稳压器的符号和编号如图8-14所示。

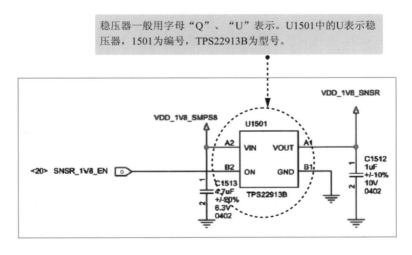

图8-14　稳压器的符号和编号

9. 接口的符号和编号

接口的功能通常用来将两个电路板或将部件连接到主板。接口的符号和编号如图8-15所示。

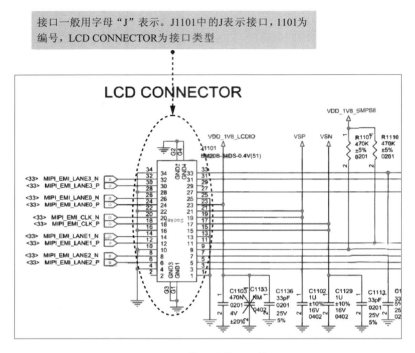

图8-15　接口的符号和编号

8.2.2　线路连接页号提示

为了用户方便查找，在每一条非终端的线路上会标识与之连接的另一端信号的页码。根据线路信号的连接情况，可以了解电路的工作原理。如图8-16所示。

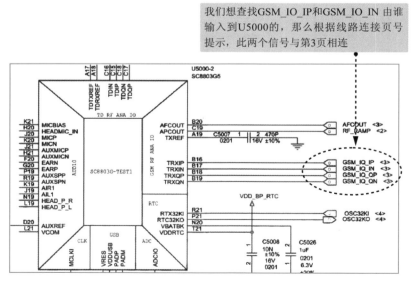

图8-16　线路连接页号提示

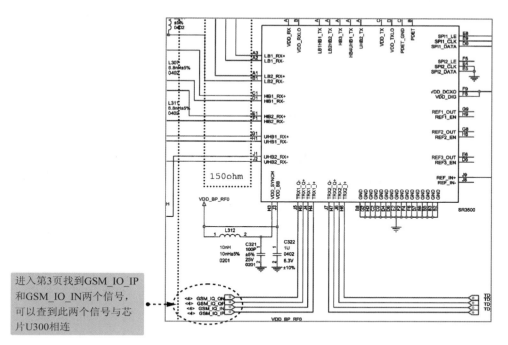

进入第3页找到GSM_IO_IP和GSM_IO_IN两个信号，可以查到此两个信号与芯片U300相连

图8-16 线路连接页号提示（续）

8.2.3 接地点

电路图中的接地点如图8-17所示。

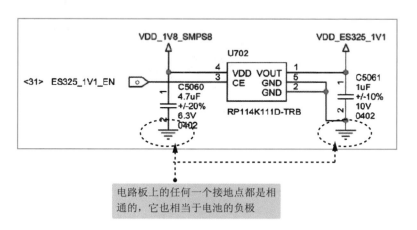

电路板上的任何一个接地点都是相通的，它也相当于电池的负极

图8-17 电路图中的接地点

8.2.4 信号说明

信号说明如图8-18所示。

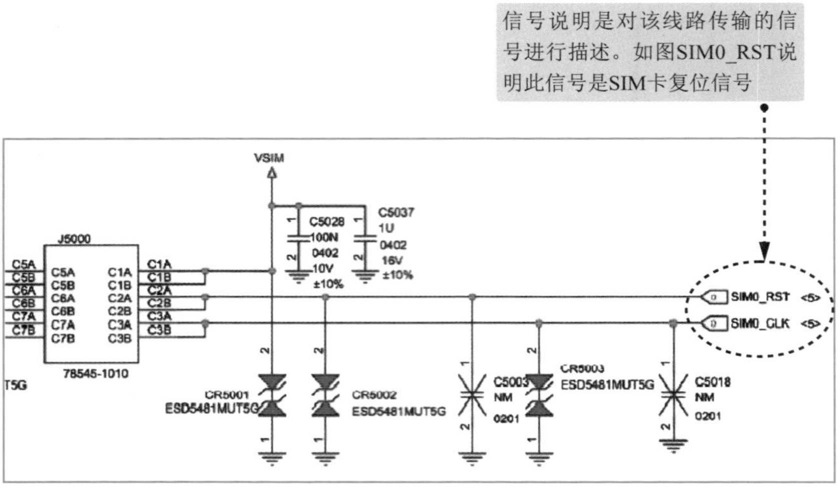
信号说明是对该线路传输的信号进行描述。如图SIM0_RST说明此信号是SIM卡复位信号
VSIM
J5000
78545-1010
C5028
100N
0402
10V
±10%
C5037
1U
0402
16V
±10%
CR5001
ESD5481MUT5G
CR5002
ESD5481MUT5G
C5003
NM
0201
CR5003
ESD5481MUT5G
C5018
NM
0201
SIM0_RST <5>
SIM0_CLK <5>

图8-18　信号说明

8.2.5　线路化简标识

线路化简标识如图8-19所示。

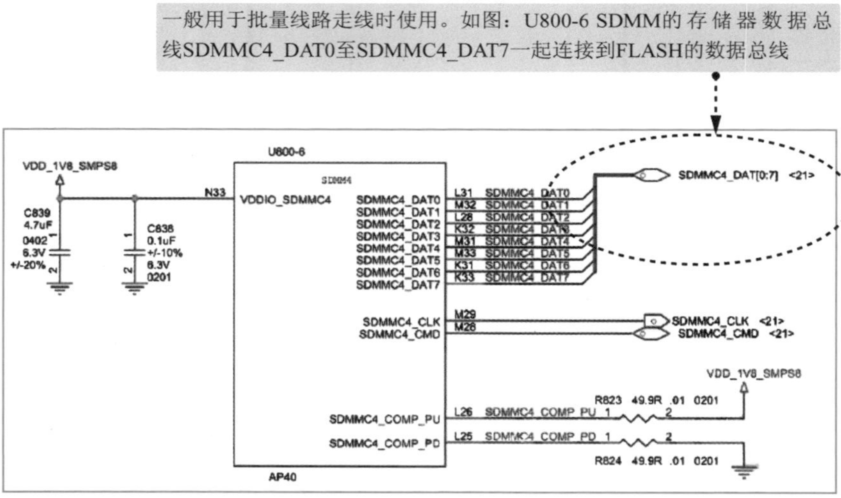
一般用于批量线路走线时使用。如图：U800-6 SDMM的存储器数据总线SDMMC4_DAT0至SDMMC4_DAT7一起连接到FLASH的数据总线
U800-6
VDD_1V8_SMPS8
C839
4.7uF
0402
6.3V
+/-20%
C838
0.1uF
+/-10%
6.3V
0201
N33
VDDIO_SDMMC4
SDMMC4_DAT0 … SDMMC4_DAT7
SDMMC4_DAT[0:7] <21>
SDMMC4_CLK
SDMMC4_CMD
SDMMC4_CLK <21>
SDMMC4_CMD <21>
SDMMC4_COMP_PU
SDMMC4_COMP_PD
R823 49.9R .01 0201
R824 49.9R .01 0201
AP40

图8-19　线路化简标识

第9章

液晶彩色电视机维修常用检测工具操作方法

在维修液晶彩色电视机时，经常要用到一些检测和维修工具。这些工具在检测、维修时是必不可少的。正确掌握、应用、保养好这些工具，对维修操作应用很有益处。

9.1 万用表操作方法

万用表是一种多功能、多量程的测量仪表，万用表有很多种，目前常用的有指针万用表和数字万用表两种，如图9-1所示。

万用表可测量直流电流、直流电压、交流电流、交流电压、电阻和音频电平等，是电工和电子维修中必备的测试工具。

指针万用表　　　　　　　数字万用表

图9-1　万用表

9.1.1 万用表的结构

1. 数字万用表的结构

数字万用表具有显示清晰，读取方便，灵敏度高、准确度高，过载能力强，便于携带，使用方便等优点。数字万用表主要由液晶显示屏、挡位选择钮、表笔插孔及三极管插孔等组成。如图9-2所示。

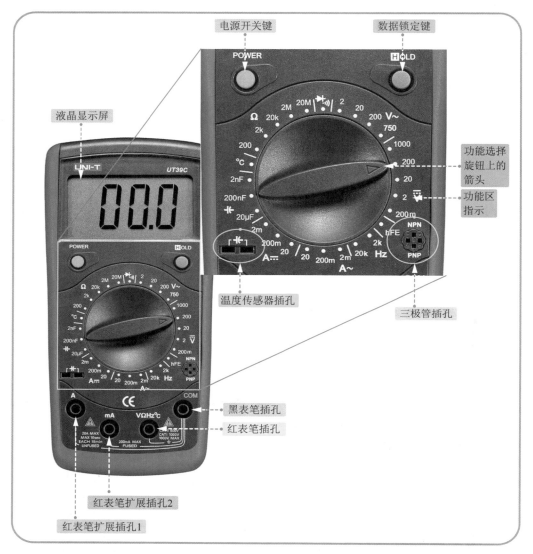

图9-2　数字万用表的结构

　　其中，功能旋钮可以将万用表的挡位在电阻挡（Ω）、交流电压（V~）、直流电压挡（V—）、交流电流挡（A~）、直流电流挡（A—）、温度挡（℃）和二极管挡之间进行转换；COM插孔用来插黑表笔，A、mA、VΩHz℃插孔用来插红表笔，测量电压、电阻、频率和温度时，红表笔插VΩHz℃插孔，测量电流时，根据电流大小红表笔插A或mA插孔；温度传感器插孔用来插温度传感器表笔；三极管插孔用来插三极管，以检测三极管的极性和放大系数。

2．指针万用表的结构

指针万用表可以显示出所测电路连续变化的情况，且指针万用表电阻挡的测量电流较大，特别适合在路检测电子元器件。

图9-3所示为指针万用表表体，其主要由功能旋钮、欧姆调零旋钮、表笔插孔及三极管插孔等组成。其中，功能旋钮可以将万用表的挡位在电阻挡（Ω）、交流电压（V~）、直流电压挡（V—）、交流电流挡（A~）、直流电流挡（A—）之间进行转换；COM插孔用来插黑表笔，+、10A、2500V插孔用来插红表笔；测量1000V以内电压、电阻、500mA以内电流，红表笔插"+"插孔，测量大于500mA以上电流时，红表笔插"10A"插孔；测量1000V以上电压时，红表笔插"2500V"插孔；三极管插孔用来插三极管，检测三极管的极性和放大系数。欧姆调零旋钮用来给欧姆挡置零。

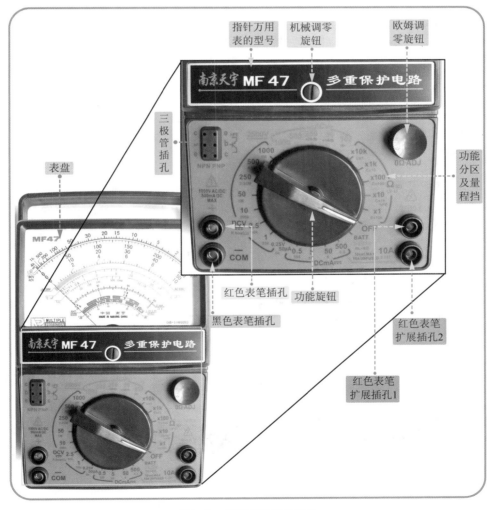

图9-3　指针万用表的表体

如图2-4所示为指针万用表表盘，表盘由表头指针和刻度等组成。

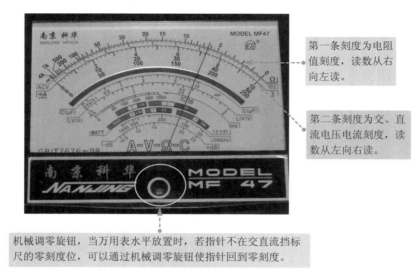

第一条刻度为电阻值刻度，读数从右向左读。

第二条刻度为交、直流电压电流刻度，读数从左向右读。

机械调零旋钮，当万用表水平放置时，若指针不在交直流挡标尺的零刻度位，可以通过机械调零旋钮使指针回到零刻度。

图9-4　指针万用表表盘

9.1.2　指针万用表量程的选择方法

使用指针万用表测量时，第一步要选择对合适的量程，这样才能测量的准确。指针万用表量程的选择方法如图9-5所示。

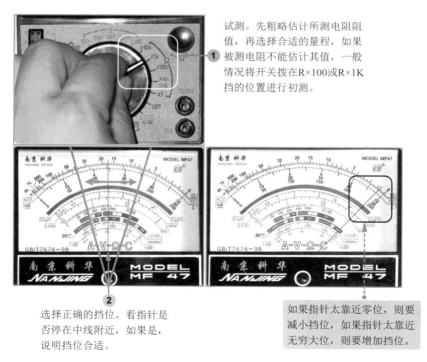

① 试测。先粗略估计所测电阻阻值，再选择合适的量程，如果被测电阻不能估计其值，一般情况将开关拨在R×100或R×1K挡的位置进行初测。

② 选择正确的挡位。看指针是否停在中线附近，如果是，说明挡位合适。

如果指针太靠近零位，则要减小挡位，如果指针太靠近无穷大位，则要增加挡位。

图9-5　指针万用表量程的选择方法

9.1.3　指针万用表的欧姆调零

在量程选准以后在正式测量之前必须调零，如图9-6所示。

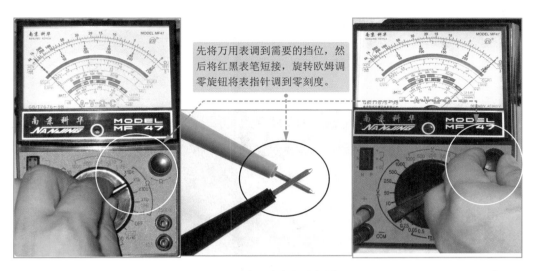

先将万用表调到需要的挡位，然后将红黑表笔短接，旋转欧姆调零旋钮将表指针调到零刻度。

图9-6　指针万用表的欧姆调零

注意：如果重新换挡，再次测量之前也必须调零一次。

9.1.4　万用表测量实战

1．用指针式万用表测电阻实战

用指针式万用表测电阻的方法如图9-7所示。

先对指针万用表进行调零，测量时应将两表笔分别接触待测电阻的两极（要求接触稳定踏实），观察指针偏转情况。如果指针太靠左，那么需要换一个稍大的量程。如果指针太靠右那么需要换一个较小的量程。直到指针落在表盘的中部（因表盘中部区域测量更精准）。

①

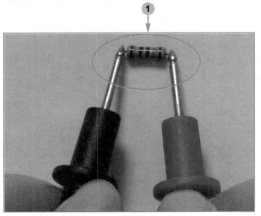

图9-7　用指针式万用表测电阻的方法

（数字万用表）

（指针万用表）

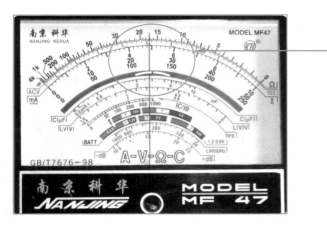

读取表针读数，然后将表针读数乘以所选量程倍数，如选用"R×1K"挡测量，指针指示17，则被测电阻值为17×1K＝17KΩ。

图9-7　用指针式万用表测电阻的方法（续）

2. 用指针万用表测量直流电流实战

用指针万用表测量直流电流的方法如图9-8所示：

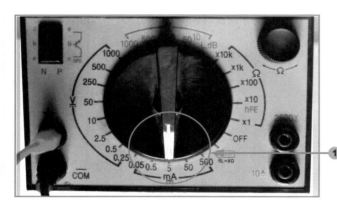

首先把转换开关拨到直流电流挡，估计待测电流值，选择合适量程。如果不确定待测电流值的范围需选择最大量程，待粗测量待测电流的范围后改用合适的量程。断开被测电路，将万用表串接于被测电路中，不要将极性接反，保证电流从红表笔流入，黑表笔流出。

根据指针稳定时的位置及所选量程，正确读数。读出待测电流值的大小。如图万用表的量程为5 mA，指针走了3个格，因此本次测得的电流值为3 mA。

图9-8　万用表测出的电流值

3．用指针万用表测量直流电压实战

测量电路的直流电压时，选择指针万用表的直流电压挡，并选择合适的量程。当被测电压数值范围不清楚时，可先选用较高的量程挡，不合适时再逐步选用低量程挡，使指针停在满刻度的2/3处附近为宜。

指针万用表测量直流电压方法如图9-9所示。

读数，根据选择的量程及指针指向的刻度读数。由图可知该次所选用的量程为0~50 V，共50个刻度，因此这次的读数为19V。

首先把功能旋钮调到直流电压挡50量程。将万用表并接到待测电路上，黑表笔与被测电压的负极相接，红表笔与被测电压的正极相接。

图9-9　指针万用表测量直流电压

4．用数字万用表测量直流电压实战

用数字万用表测量直流电压的方法如图9-10所示。

5．用数字万用表测量直流电流实战

使用数字万用表测量直流电流的方法如图9-11所示。

提示：交流电流的测量方法与直流电流的测量方法基本相同，不过需将旋钮放到交流挡位。

① 因为本次是对电压进行测量，所以将黑表笔插进万用表的"COM"孔，将红表笔插进万用表的"VΩ"孔。

② 将挡位旋钮调到直流电压挡"V-"，选择一个比估测值大的量程。

将红表笔接正极，黑表笔接负极。读数，若测量数值为"1."，说明所选量程太小，需改用大量程。如果数值显示为负代表极性接反（调换表笔）。表中显示的19.59即为测量的电压。

③

图9-10　数字万用表测量直流电压

① 测量电流时，先将黑表笔插"COM"孔。若待测电流估测大于200mA，则将红表笔插入"10A"插孔，并将功能旋钮调到直流"20A"挡；若待测电流估测小于200mA，则将红表笔插入"200mA"插孔，并将功能旋钮调到直流200mA以内的适当量程。

图9-11　数字万用表测量直流电流

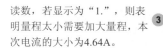 将数字万用表串联接入电路中使电流从红表笔流入，黑表笔流出，保持稳定。

读数，若显示为"1."，则表明量程太小需要加大量程，本次电流的大小为4.64A。

图9-11　数字万用表测量直流电流（续）

6. 用数字万用表判断二极管是否正常

用数字万用表测量二极管的方法如图9-12所示。

提示：一般锗二极管的压降约为0.15~0.3V，硅二极管的压降约为0.5~0.7V，发光二极管的压降约为1.8~2.3V。如果测量的二极管正向压降超出这个范围，则二极管损坏。如果反向压降为0，则二极管被击穿。

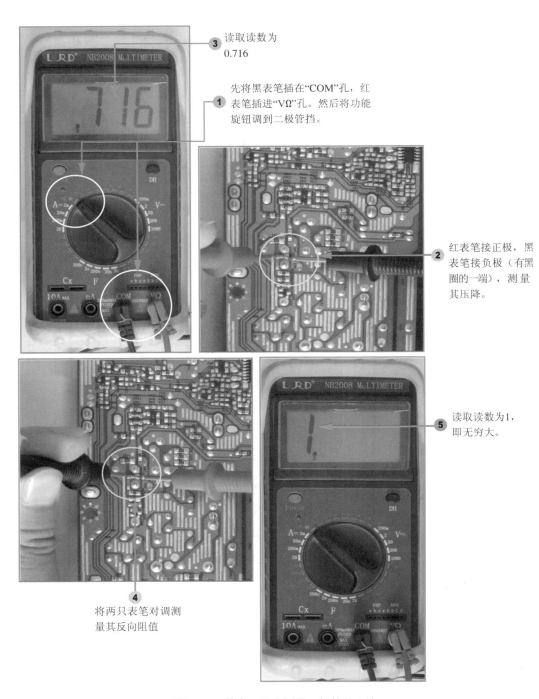

③ 读取读数为0.716

① 先将黑表笔插在"COM"孔，红表笔插进"VΩ"孔。然后将功能旋钮调到二极管挡。

② 红表笔接正极，黑表笔接负极（有黑圈的一端），测量其压降。

⑤ 读取读数为1，即无穷大。

④ 将两只表笔对调测量其反向阻值

图9-12 数字万用表测量二极管的方法

结论：由于该硅二极管的正向压降约为0.716，基本贴近正常范围0.5~0.7，且其反向压降为无穷大。该硅二极管的质量基本正常。

9.2　数字电桥使用方法

数字电桥是一种测量仪器，简单点来说就是用于测量电阻、电容、电感等的仪器。数字电桥的测量对象为阻抗元件的参数，包括交流电阻R、电感L及其品质因数Q，电容C及其损耗因数D。因此，又常称数字电桥为数字式LCR测量仪，如图9-13所示。其测量用频率自工频到约100千赫。基本测量误差为0.02%，一般均在0.1%左右。

图9-13　数字电桥

1. 测量电容

测量电容时，将主参数设置为C（测电容），然后设置频率和串并联模式，最后将两个线夹接电容器两只引脚就可以测量了。一般容量小于1μF的电容，采用1kHz频率，并联（PAR）方式测量；大于等于1μF的非电解电容，采用100Hz频率，并联（PAR）方式测量；大于等于1μF的电解电容，采用100Hz频率，串联（SER）方式测量。测量时除了观察电容容量是否符合标称容量外，还要看D值大小。一般D值小于0.1视为正常，D值在0.1~0.2之间视为特效变差，D值大于0.2视为损坏。如图9-14所示。

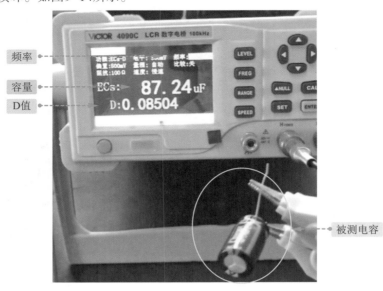

图9-14　测量电容

2. 测量电阻

测量电阻时，将主参数设置为R（测电阻），然后设置频率和串并联模式，最后将两个线夹接电阻器两只引脚就可以测量了，如图9-15所示。一般阻值小于10kΩ的电阻，采用100Hz频率，串联（SER）方式测量；大于等于10kΩ的非电解电容，采用100Hz频率，并联（PAR）方式测量。由于万用表对于几欧姆以上的电阻，可以基本准确测量出其阻值，但对于1欧姆以下的电阻，无法准确测量其阻值，但数字电桥可以准确测量小阻值电阻的阻值。

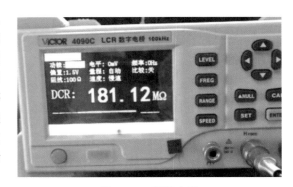

图9-15 测量电阻

因此对于微电阻测试，数字电桥就可以发挥其优势。如电感线圈阻值，变压器线圈阻值等可以用数字电桥准确测量。

3. 测量电感

数字电桥除了可以测试电感在不同频率下的电感量，还可以测试电感的Q值和D值，我们可以通过对比Q值或D值来判断电感的内部损坏情况。

4. 测量变压器

数字电桥可以测量变压器的线圈是否损坏，通过变压器的D值来判断变压器线圈间是否有短路情况。测量时，频率选择10kHz，电压选择最小，测试初级线圈，如果D值小于0.1，则变压器线圈间有短路情况。

9.3 电烙铁的焊接姿势与操作实战

电烙铁是通过熔解锡进行焊接的一种修理时必备的工具，主要用来焊接元器件间的引脚。

9.3.1 电烙铁的种类

常用的电烙铁分为内热式、外热式、恒温式和吸锡式等几种。如图9-16所示为常用的电烙铁。

外热式电烙铁的烙铁头一般由紫铜材料制成，它的作用是存储和传导热量。使用时烙铁头的温度必须要高于被焊接物的熔点。烙铁的温度取决于烙铁头的体积、形状和长短。另外为了适应不同焊接要求，有不同规格的烙铁头，常见的有锥形、凿形、圆斜面形等。

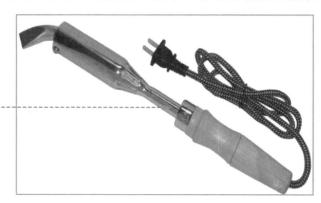

图9-16 电烙铁

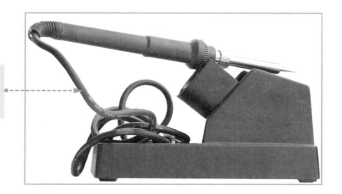

恒温电烙铁头内，一般装有电磁铁式的温度控制器，通过控制通电时间而实现温度控制。

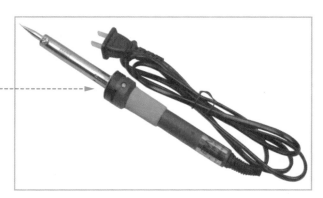

内热式电烙铁因其烙铁芯安装在烙铁头里面而得名。内热式电烙铁由手柄、连接杆、弹簧夹、烙铁芯、烙铁头组成。内热式电烙铁发热快，热利用率高（一般可达350℃）且耗电小、体积小，因而得到了更加普通的应用。

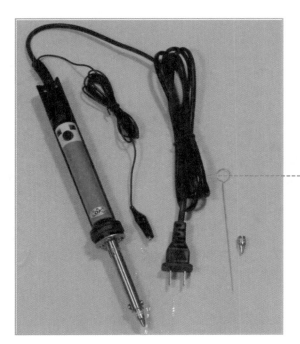

吸锡电烙铁是一种将活塞式吸锡器与电烙铁融为一体的拆焊工具。具有使用方便、灵活、适用范围宽等优点，不足之处在于其每次只能对一个焊点进行拆焊。

图9-16　电烙铁（续）

9.3.2 焊接操作正确姿势

即使在大规模生产的情况下，维护和维修也必须使用手工焊接。因此，电子电工维修人员必须通过不断学习和实践，扎实掌握手工锡焊接技术这一项基本功。如图9-17所示为电烙铁的几种握法。

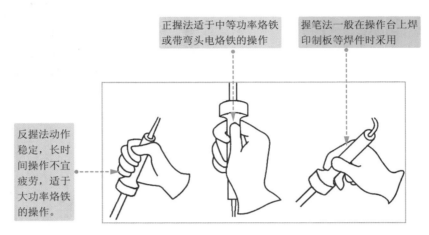

反握法动作稳定，长时间操作不宜疲劳，适于大功率烙铁的操作。

正握法适于中等功率烙铁或带弯头电烙铁的操作

握笔法一般在操作台上焊印制板等焊件时采用

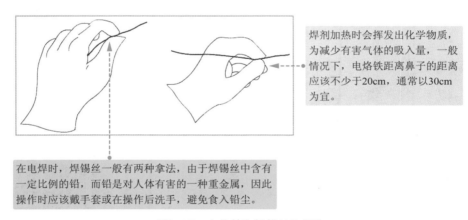

焊剂加热时会挥发出化学物质，为减少有害气体的吸入量，一般情况下，电烙铁距离鼻子的距离应该不少于20cm，通常以30cm为宜。

在电焊时，焊锡丝一般有两种拿法，由于焊锡丝中含有一定比例的铅，而铅是对人体有害的一种重金属，因此操作时应该戴手套或在操作后洗手，避免食入铅尘。

图9-17　电烙铁和焊锡丝的握法

9.3.3 电烙铁使用方法

一般新买来的电烙铁在使用前都要将烙铁头上均匀地镀上一层锡，这样便于焊接并且防止烙铁头表面氧化。

电烙铁的使用方法如图9-18所示。

首先将电烙铁通电预热，然后将烙铁头接触焊接点，并要保持烙铁加热焊件各部分，以保持焊件均匀受热。

当焊件加热到能熔化焊料的温度后将焊丝置于焊点，焊料开始熔化并润湿焊点。

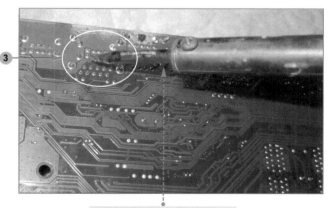

当熔化一定量的焊锡后将焊锡丝移开。当焊锡完全润湿焊点后移开烙铁，注意移开烙铁的方向应该是大致45°的方向。

在使用前一定要认真检查确认电源插头、电源线无破损，并检查烙铁头是否松动。如果有出现上述情况请排除后使用。

图9-18 电烙铁的使用方法

9.3.4 焊料与助焊剂有何用处

电烙铁使用时的辅助材料主要包括焊锡丝、助焊剂等。如图9-19所示。

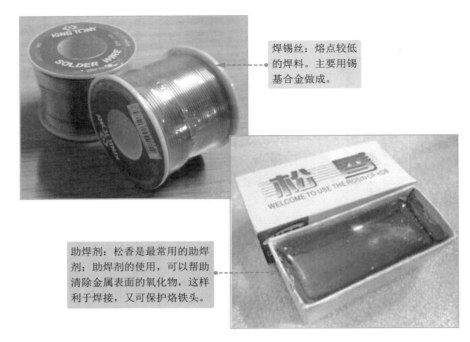

焊锡丝：熔点较低的焊料。主要用锡基合金做成。

助焊剂：松香是最常用的助焊剂；助焊剂的使用，可以帮助清除金属表面的氧化物，这样利于焊接，又可保护烙铁头。

图9-19　电烙铁的辅助材料

9.4　吸锡器操作方法

1．认识吸锡器

吸锡器是拆除电子元件（尤其是集成电路）时，用来吸收引脚焊锡的一种必备工具，有手动吸锡器和电动吸锡器两种。如图9-20所示。

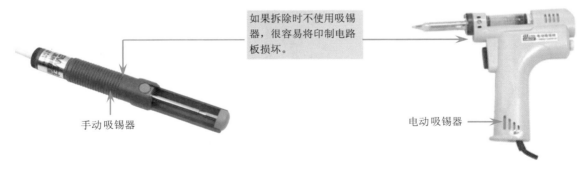

如果拆除时不使用吸锡器，很容易将印制电路板损坏。

手动吸锡器

电动吸锡器

图9-20　常见的吸锡器

2．吸锡器的使用方法

吸锡器的使用方法如图9-21所示。

首先按下吸锡器后部的活塞杆，然后用电烙铁加热焊点并熔化焊锡。（如果吸锡器本身带有加热元器件，可以直接用吸锡器加热吸取）当焊点熔化后，用吸锡器嘴对准焊点，按下吸锡器上的吸锡按钮，锡就会被吸锡器吸走。如果未吸干净可对其重复操作。

图9-21　使用吸锡器

9.5　热风焊台操作方法

热风焊台是一种常用于电子焊接的手动工具，通过给焊料（通常是指锡丝）供热，使其熔化，从而达到焊接或分开电子元器件的目的。热风焊台外形如图9-22所示。

风枪

电源开关

温度旋钮

风力旋钮

图9-22　热风焊台

9.5.1 使用热风焊台焊接贴片电阻器实战

焊接操作时，热风焊台的风枪前端网孔通电时不得接触金属导体，否则会导致发热体损坏，甚至使人体触电，发生危险。另外在使用结束后要注意冷却机身，关电后不要迅速拔掉电源，应等待发热管吹出的短暂冷风结束后再拔掉电源，以免影响焊台使用寿命。

使用热风焊台焊接贴片电阻器的方法如图9-23所示。

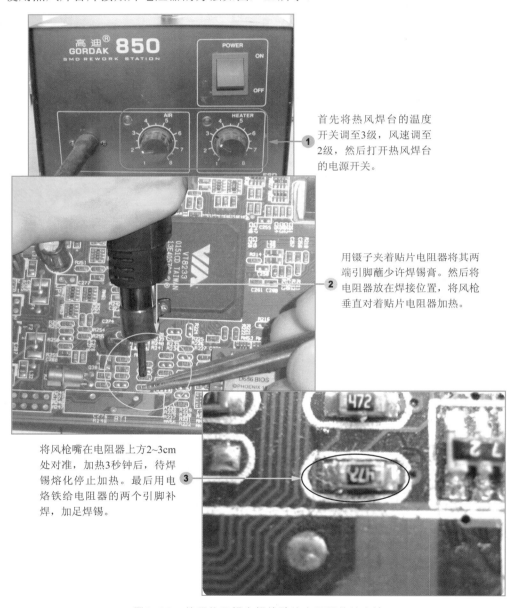

首先将热风焊台的温度开关调至3级，风速调至2级，然后打开热风焊台的电源开关。

用镊子夹着贴片电阻器将其两端引脚蘸少许焊锡膏。然后将电阻器放在焊接位置，将风枪垂直对着贴片电阻器加热。

将风枪嘴在电阻器上方2~3cm处对准，加热3秒钟后，待焊锡熔化停止加热。最后用电烙铁给电阻器的两个引脚补焊，加足焊锡。

图9-23 使用热风焊台焊接贴片小元器件的方法

提示：

（1）对于贴片电阻器的焊接一般不用电烙铁，因为使用电烙铁焊接时，由于两个焊点的焊锡不能同时熔化可能焊斜；另一方面焊第二个焊点时由于第一个焊点已经焊好如果下压第二个焊点会损坏电阻或第一个焊点。

（2）拆焊贴片电容时，要用两个电烙铁同时加热两个焊点使焊锡融化，在焊点融化状态下用烙铁尖向侧面拨动使焊点脱离，然后用镊子取下。

9.5.2　热风焊台焊接四面引脚集成电路实战

使用热风焊台焊接四面引脚贴片集成电路的方法如图9-24所示。

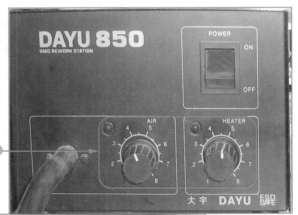

首先将热风焊台的温度开关调至5级，风速调至4级，然后打开热风焊台的电源开关。❶

❸ 用风枪垂直对着贴片集成电路旋转加热，待焊锡熔化后，停止加热，并关闭热风焊台。

❷ 向贴片集成电路的引脚上蘸少许焊锡膏。用镊子将元器件放在电路板中的焊接位置，并紧紧按住，然后用电烙铁将集成电路4个面各焊一个引脚。

❹ 焊接完毕后，检查一下有无焊接短路的引脚；如果有，用电烙铁修复，同时为贴片集成电路加补焊锡。

图9-24　四面引脚贴片集成电路的焊接方法

9.6 可调直流稳压电源使用方法

直流可调稳压电源在检修过程中，可代替电源适配器或可充电电池供电，是液晶彩色电视机检修过程中一种必备的工具设备。

通常在检修液晶彩色电视机的过程中，还可通过直流可调稳压电源显示的数据，判断电路工作状态，从而为故障分析提供相关依据或数据参考。如图9-25所示为常见的直流可调稳压电源。

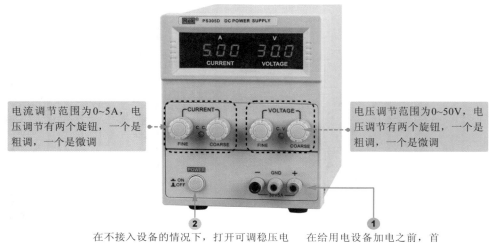

电流调节范围为0~5A，电压调节有两个旋钮，一个是粗调，一个是微调

电压调节范围为0~50V，电压调节有两个旋钮，一个是粗调，一个是微调

在不接入设备的情况下，打开可调稳压电源的开关，将电压调整到设备所需要的电压，然后关掉开关，将电源的输出线接入用电设备。再打开电源开关即可

在给用电设备加电之前，首先要确认用电设备的电压和电流的大小，检查输出连接线的正负极是否正确

图9-25　常见的直流可调稳压电源

注意：如果接入用电设备后发现电压值达不到设定值，这时要观察电流旋钮侧的电流指示灯是否亮，如果亮了，说明电流设定值太小，旋转电流调整旋钮，使电流指示灯熄灭。如果电流旋钮旋到底，电流指示灯仍然不熄灭，那就是用电设备的功率过大，或者是用电设备严重短路。这是可调稳压电源的过流保护功能。

9.7 程序烧录器

程序烧录器也叫编程器，主要用来修改只读存储器中的程序，编程器通常与计算机连接，再配合编程软件使用。编程器如图9-26所示。在维修时通常使用编程器刷新Serial E、EPROM、EEPROM、Flash、PLD、MPU等芯片。维修时，如果这些芯片的程序丢失或损坏，手头又有相同程序的芯片，则可以使用编程器进行复制，但如果程序有加密，则烧录的程序不可用。

编程器的使用方法如下：

（1）将被烧写的芯片（如EEPROM芯片）按照正确的方向插入烧写卡座（芯片缺口对卡座的扳手）。

（2）将配套的电缆分别插入计算机的USB口与编程器的通信口。

（3）打开编程器的电源，此时中间的电源发光管指示灯亮，表示电源正常。

（5）运行编程器的软件，这时程序会自动监测通信端口和芯片的类型，接着从编程软件中调入提前准备好的被烧写文件。

（6）开始烧写，编程器开始烧写程序到芯片中，烧写完成后编程器会提示烧写完成，这时关闭编程器的电源，取下芯片即可。

图9-26　编程器

9.8 清洁及拆装工具

下面主要讲解一下清洁电路板和拆卸液晶彩色电视机时常用的工具。

9.8.1 清洁工具

清洁工具主要用来清洁电路板上的灰尘和脏污的，清洁工具主要包括刷子和皮老虎。

1. 刷子

根据不同的用处，刷子的种类和样式也不尽相同，如图9-27所示。

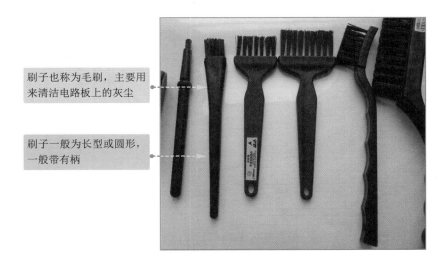

刷子也称为毛刷，主要用来清洁电路板上的灰尘

刷子一般为长型或圆形，一般带有柄

图9-27　刷子

2. 皮老虎

常见的皮老虎如图9-28所示。

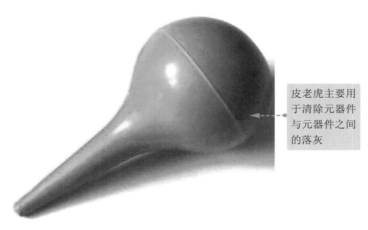

皮老虎主要用于清除元器件与元器件之间的落灰

图9-28　皮老虎

9.8.2　拆装工具

常用的拆装工具主要有：螺丝刀、镊子、钳子等，下面分别讲解。

1. 螺丝刀

螺丝刀是常用的电工工具，也称为改锥，是用来紧固和拆卸螺钉的工具。常用的螺丝刀主要有一字型螺丝刀和十字型螺丝刀，另外还要准备各种规格的螺丝刀。如图9-29所示。

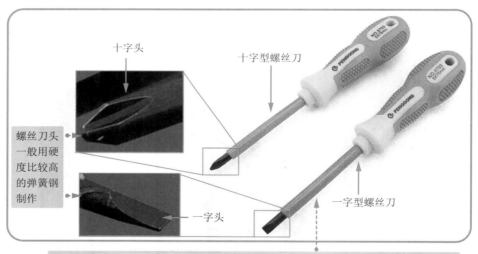

十字头

十字型螺丝刀

螺丝刀头一般用硬度比较高的弹簧钢制作

一字头

一字型螺丝刀

在使用螺丝刀时，需要选择与螺丝大小相匹配的螺丝刀头，太大或太小都不行，容易损坏螺丝和螺丝刀。另外，电工用螺丝刀的把柄要选用耐压500V以上的绝缘体把柄

图9-29　螺丝刀

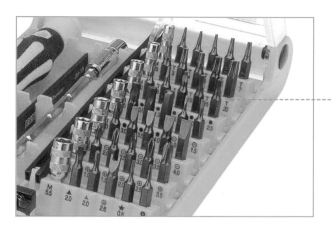

准备各种规格的螺丝刀，如内六角，梅花等

图9-29　螺丝刀（续）

2. 镊子

镊子是电路板检修过程中经常使用到的一种辅助工具，如在拆卸或者焊接电子元器件的过程中，常使用镊子夹取或者固定电子元器件，方便拆卸或者焊接过程的顺利进行。而夹较大的元件或导线头，用刚性大、较硬的镊子比较好用。常用的镊子有平头、弯头等类型，要多准备几种镊子，如图9-30所示。

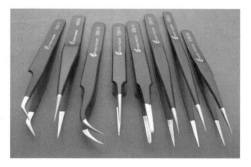

图9-30　镊子

3. 钳子

常用的钳子主要有钢丝钳、尖嘴钳、斜口钳、剥线钳等。一般钢丝钳用于夹持螺丝头劈裂的螺丝，便于拧松。尖嘴钳用于夹取螺丝、导线等小部件。斜口钳用于剪切导线及焊接后过长的元器件引脚；剥线钳用于剥除导线的塑料表皮。如图9-31所示。

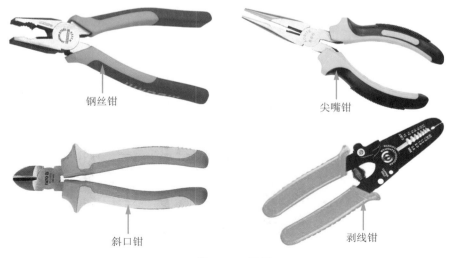

钢丝钳

尖嘴钳

斜口钳

剥线钳

图9-31　钳子

9.9 其他工具

除了上述工具外，还要准备一些辅助工具，如放大镜、清洗液等。

9.9.1 放大镜

放大镜用于观察电路板上的小元件及各种元器件的型号，电路板元件引脚焊接情况（看是否有虚焊等）。放大镜最好选用带照明灯的，放大倍数在20或40倍的。如图9-32所示。

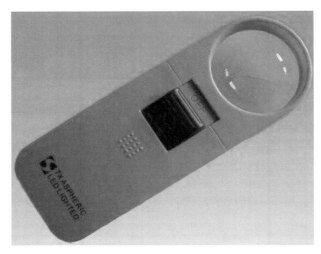

图9-32 放大镜

9.9.2 电路板清洗液

常用的电路板清洗液主要有洗板水、天那水（香蕉水）、双氧水、无水酒精（无水乙醇）、异丙醇、硝基涂料等（注意有些溶液有毒，使用时应避免接触皮肤），如图9-33为部分清洗液。

洗板水　　　天那水　　　无水乙醇

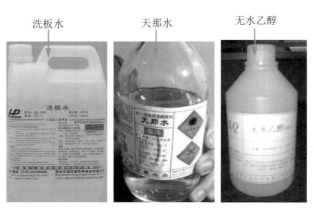

图9-33 清洗液

第 10 章
液晶彩色电视机元器件检测维修方法

电子元器件是电路板的基本组成部件，电路板的故障都是由于这些基本元器件故障引起的，而在维修电路板故障时，也需要通过检测元器件来排除故障。因此在学习液晶彩色电视机芯片维修之前，应先掌握电子元器件好坏检测方法。

10.1 电阻器检测方法

在电路中，电阻器的主要作用是稳定和调节电路中的电流和电压，即控制某一部分电路的电压和电流比例的作用。电阻器是电路元件中应用最广泛的一种，在电子设备中约占元件总数的30%。

10.1.1 常用电阻器有哪些

电阻器是电路中最基本的元器件之一，其种类较多，如图10-1所示。

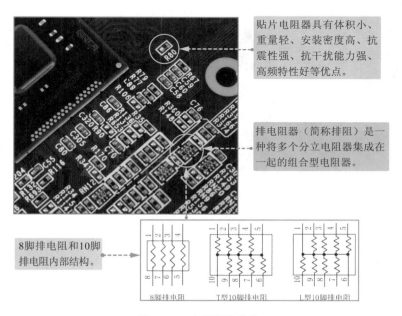

贴片电阻器具有体积小、重量轻、安装密度高、抗震性强、抗干扰能力强、高频特性好等优点。

排电阻器（简称排阻）是一种将多个分立电阻器集成在一起的组合型电阻器。

8脚排电阻和10脚排电阻内部结构。

图10-1 电阻器的种类

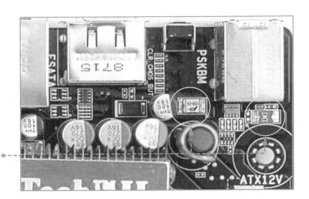

保险电阻的特性是阻值小，超过额定电流时就会烧坏，在电路中起到保护作用。

膜电阻器电压稳定性好，造价低，从外观看，碳膜电阻器有四个色环，为蓝色。

金属膜电阻器体积小、噪声低，稳定性良好。从外观看，金属膜电阻器有五个色环，为土黄色或是其他的颜色。

压敏电阻器主要用在电气设备交流输入端，用做过压保护。当输入电压过高时，它的阻值将减小，使串联在输入电路中的保险管熔断，切断输入，从而保护电气设备。

图10-1 电阻器的种类（续）

10.1.2 认识电阻器的符号很重要

维修电路时，通常需要参考电器设备的电路原理图来查找问题，而电路图中的元器件主要用元器件符号来表示。元器件符号包括文字符号和图片符号。其中，电阻器一般用"R"、"RN"、"RF"、"FS"等文字符号来表示。如表10-1所示为常见电阻的电路图形符号和

图10-2为电路图中电阻器的符号。

表10-1　常见电阻电路符号

一 般 电 阻	可 变 电 阻	光 敏 电 阻	压 敏 电 阻	热 敏 电 阻
			U	θ
			U	θ

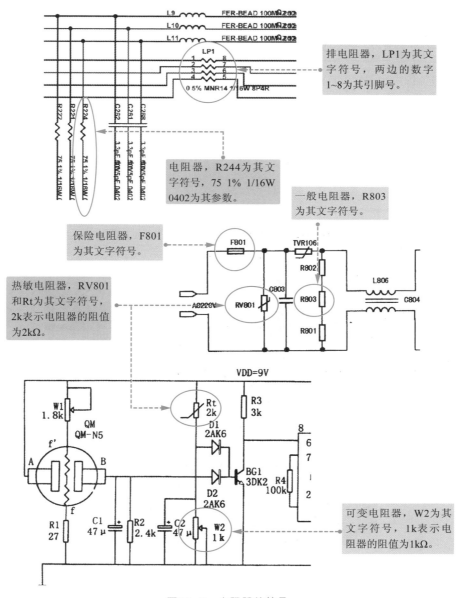

排电阻器，LP1为其文字符号，两边的数字1~8为其引脚号。

电阻器，R244为其文字符号，75 1% 1/16W 0402为其参数。

一般电阻器，R803为其文字符号。

保险电阻器，F801为其文字符号。

热敏电阻器，RV801和Rt为其文字符号，2k表示电阻器的阻值为2kΩ。

可变电阻器，W2为其文字符号，1k表示电阻器的阻值为1kΩ。

图10-2　电阻器的符号

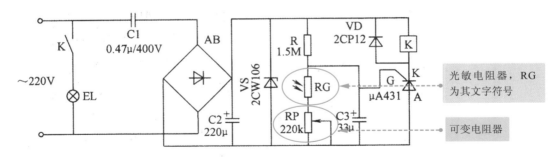

光敏电阻器，RG 为其文字符号

可变电阻器

图10-2 电阻器的符号（续）

10.1.3 轻松计算电阻器的阻值

电阻的阻值标注法通常有色环法，数标法。色环法在一般的的电阻上比较常见，数标法通常用在贴片电阻器上。

1. 读懂数标法标注的电阻器

数标法用三位数表示阻值，前两位表示有效数字，第三位数字是倍率。如果电阻标注为"ABC"，则其阻值为$AB×10C$，其中，"C"如果为9，则表示-1。例如电阻标注为"653"，则阻值为$65×103\Omega=65k\Omega$；如果标注为"000"，阻值为0。如图10-3所示。

排电阻上的"0"表示排电阻的阻值为0

电阻上的"472"表示电阻的阻值为$47*10^2=4700\Omega$

图10-3 数标法标注电阻器

可调电阻在标注阻值时，也常用二位数字表示。第一位表示有效数字，第二位表示倍率。如："24"表示$2 \times 10^4 = 20$kΩ。还有标注时用R表示小数点，如R22=0.22Ω，2R2=2.2Ω。

2. 读懂色标法标注的电阻器

色标法是指用色环标注阻值的方法，色环标注法使用最多，普通的色环电阻器用四环表示，精密电阻器用五环表示，紧靠电阻体一端头的色环为第一环，露着电阻体本色较多的另一端头为末环。

如果色环电阻器用四环表示，前面两位数字是有效数字，第三位是10的倍幂，第四环是色环电阻器的误差范围。如图10-4所示。

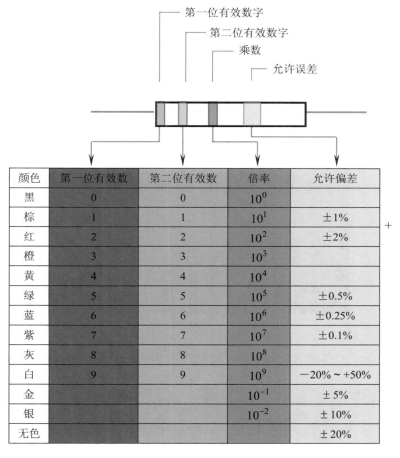

颜色	第一位有效数	第二位有效数	倍率	允许偏差
黑	0	0	10^0	
棕	1	1	10^1	±1%
红	2	2	10^2	±2%
橙	3	3	10^3	
黄	4	4	10^4	
绿	5	5	10^5	±0.5%
蓝	6	6	10^6	±0.25%
紫	7	7	10^7	±0.1%
灰	8	8	10^8	
白	9	9	10^9	−20% ～ +50%
金			10^{-1}	±5%
银			10^{-2}	±10%
无色				±20%

图10-4 四环电阻器阻值说明

如果色环电阻器用五环表示，前面三位数字是有效数字，第四位是10的倍率，第五环是色环电阻器的误差范围。如图10-5所示。

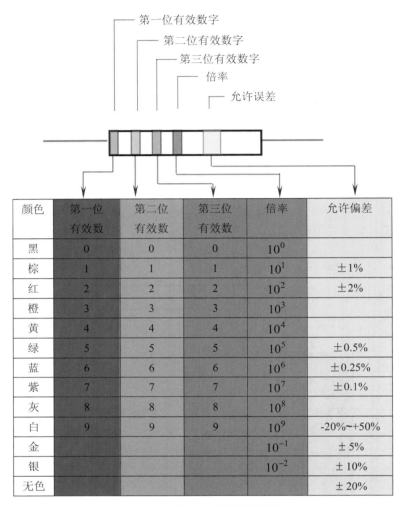

图10-5 五环电阻器阻值说明

根据电阻器色环的读识方法，可以很轻松地计算出电阻器的阻值，如图10-6所示。

电阻的色环为：棕、绿、黑、白、棕五环，对照色码表，其阻值为150×10⁹Ω，误差为±1%。

电阻的色环为：灰、红、黄、金四环，对照色码表，其阻值为82×10⁴Ω，误差为±5%。

图10-6 计算电阻阻值

3. 如何识别首位色环

经过上述阅读，读者会发现一个问题，我怎么知道哪个是首位色环啊？不知道哪个是首位色环，又怎么去核查？别急，下面我们将给您介绍首字母辨认的方法。

首色环判断方法大致有如下几种，如图10-7所示。

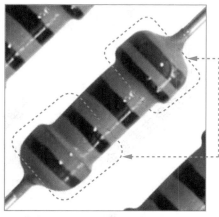

首色环与第二色环之间的距离比末位色环与倒数第二色环之间的间隔要小

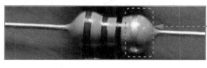

金、银色环常用作表示电阻误差范围的颜色，即金、银色环一般放在末位，则与之对立的即为首位

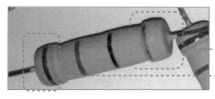

与末位色环位置相比首位色环更靠近引线端，因此可以利用色环与引线端的距离来判断哪个是首色环

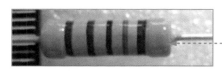

如果电阻上没有金、银色环，并且无法判断哪个色环更靠近引线端，可以用万用表检测一下，根据测量值即可判断首位有效数字及位乘数，对应的顺序就全知道了

图10-7　判断首位色环

10.1.4　电路中电阻器的特性与作用分析

电阻顾名思义就是对电流通过的阻力，有限流的作用。在串联电路中电阻起到分压的作用；在并联电路中电阻起到分流的作用。

1. 电阻器的分流作用

当流过一只元器件的电流太大时，可以用一只电阻与其并联，起到分流作用。如图10-8所示。

2. 电阻器的分压作用

图10-8　电阻器的分流

当用电器额定电压小于电源电路输出电压时，可以通过串联一个合适的电阻分担一部分电压。如图10-9所示的电路中，当接入合适的电阻后，额定电压10V的电灯便可以在输出电压为15V的电路中工作了。这种电阻称为分压电阻。

3. 将电流转换成电压

当电流流过电阻时就在电阻两端产生了电压，集电极负载电阻就是这一作用。如图10-10所示，当电流流过该电阻时转换成该电阻两端的电压。

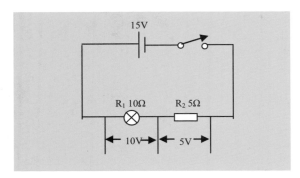

图10-9　电阻器的分压

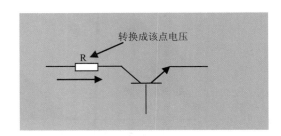

图10-10　集电极负载电阻

4. 普通电阻的基本特性

电阻会消耗电能，当有电流流过它时会发热，如果当流过它的电流太大时会因过热而烧毁。

在交流或直流电路中电阻器对电流所起的阻碍作用是一样的，这种特性大大方便了电阻电路的分析。

交流电路中，同一个电阻器对不同频率的信号所呈现的阻值相同，不会因为交流电的频率不同而出现电阻值的变化。电阻器不仅在正弦波交流电的电路中阻值不变，对于脉冲信号、三角波信号处理和放大电路中所呈现的电阻也一样。了解这一特性后，分析交流电路中电阻器的工作原理时，就可以不必考虑电流的频率以及波形对其的影响。

10.1.5　电阻器常见应用电路分析

1. 限流保护电阻电路分析

如图10-11所示是一组常见的发光二极管限流保护电阻电路。VD是一个发光二极管，该二极管随着电流强度的增大而亮度增大，但如果流经二极管的电流太大将烧毁二极管。为了保护二极管的安全串联电阻，通过改变电阻的大小可以起到限流保护的作用。

再如，可调光照明灯的电路，为了控制灯泡的亮度，在电路中接一个限流电阻通过改变电阻的阻值大小调节电流的大小进而调节灯泡的亮度。

图10-11　二极管限流保护电阻

2. 基准电压电阻分级电路分析

如图10-12所示是基准电压电阻分级电路。电路中，R_1、R_2、R_3构成一个变形的分压电路，基准电压加到此电压上。

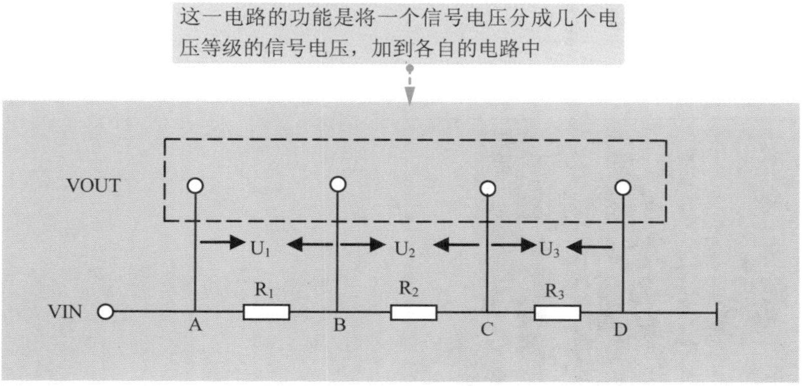

这一电路的功能是将一个信号电压分成几个电压等级的信号电压，加到各自的电路中

VOUT

U_1 U_2 U_3

VIN

A R_1 B R_2 C R_3 D

图10-12 基准电压电阻分级电路

其中，输入电压等于输出电压之和，即$U=U_1+U_2+U_3$。

电阻值比等于其两端的电压之比，即$R_1：R_2：R_3=U_1：U_2：U_3$。

10.1.6 如何判定电阻断路

断路又叫开路（但也有区别，开路是电键没有接通；断路是不知道哪个地方没有接通）。断路是指因为电路中某一处因断开而使电流无法正常通过，导致电路中的电流为零。中断点两端电压为电源电压，一般对电路无损害。

断路后电阻两端阻值呈无穷大，可以通过对阻值的检测判断电阻是否断路。断路后电阻两端不会有电流流过因此电阻两端不再有电压，也可以用万用表检测电阻两端是否有电压来判断电阻已经断路。图10-13便是通过测量电阻两端的电压来判断电阻是否断路。

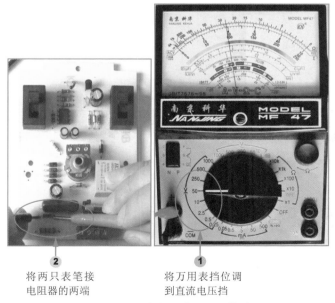

② 将两只表笔接电阻器的两端

① 将万用表挡位调到直流电压挡

图10-13 电阻两端电压的检测

由图10-13所示测得电阻两端有电压，证明该电阻未发生断路。

10.1.7　如何处理阻值变小故障

电阻器阻值变小故障的处理方法如图10-14所示。

此类故障比较常见，由于温度、电压、电路的变化超过限值，使电阻阻值变大或变小，用万用表检查时可发现实际阻值与标称阻值相差很大，而出现电路工作不稳定的故障。阻值变化的这类故障处理方法，一般都采用更换新的电阻器，这样可以彻底消除故障

图10-14　阻值变化的电阻

10.1.8　固定电阻器的检测方法

电阻器的检测相对于其他元器件的检测来说要相对简单，将指针万用表调至欧姆挡，两表笔分别与电阻的两引脚相接即可测出实际电阻值，如图10-15所示。

开始可以采用在路检测，如果测量结果不能确定测量的准确性，就将其从电路中焊下来，开路检测其阻值。

（色环电阻检测）

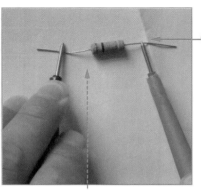

① 首先将指针万用表调至欧姆挡并调零

② 将两表笔分别与电阻的两引脚相接即可测出实际电阻值。

测量电阻时没有极性限制，表笔可以接在电阻的任意一端。为了使测量的结果更加精准，应根据被测电阻标称阻值来选择万用表量程。

图10-15　测量电阻器

根据电阻误差等级不同，算出误差范围，若实测值已超出标称值说明该电阻已经不能继续使用了，若仍在误差范围内电阻仍可继续可用。

10.1.9 熔断电阻器的检测方法

熔断电阻可以通过观察外观和测量阻值来判断好坏，如图10-16所示。

在电路中，多数熔断电阻的好坏可根据观察作出判断。例如若发现熔断电阻器表面烧焦或发黑（也可能会伴有焦味），可断定熔断电阻器已被烧毁。

（a）观察外观法

将万用表的档位调到R×1挡，并调零。然后两表笔分别与熔断电阻的两引脚相接测量阻值

（b）测量阻值法

图10-16 熔断电阻器的检测

若测得的阻值为无穷大，则说明此熔断电阻器已经开路。若测得的阻值与0接近说明该熔断电阻基本正常，如果测得的阻值较大则需要开路进行进一步测量。

10.1.10 贴片式普通电阻器的检测方法

贴片式普通电阻器的检测方法如图10-17所示。

（普通贴片电阻器）

待测的普通贴片电阻，电阻标注为101，即标称阻值为100Ω，因此选用万用表的"R×1"挡或数字万用表的200挡进行检测。

将万用表的红黑表笔分别接在待测的电阻器两端进行测量。

图10-17 贴片电阻标称阻值的测量

通过万用表测出阻值，观察阻值是否与标称阻值一致。如果实际值与标称阻值相距甚远，证明该电阻已经出现问题。

10.1.11　贴片式排电阻器的检测方法

如果是8引脚的排电阻器，则内部包含4个电阻器，如果是10引脚的排电阻器，可能内部包含5个电阻器，所以在检测贴片电阻时需注意其内部结构。贴片式排电阻的检测方法如图10-18所示。

（贴片排电阻）

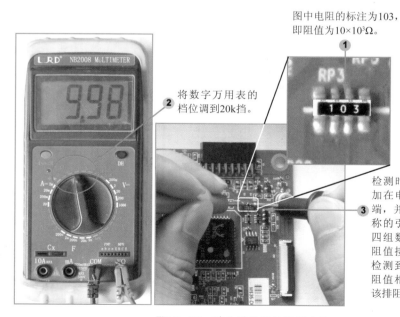

图中电阻的标注为103，即阻值为$10×10^3Ω$。

将数字万用表的挡位调到20k挡。

检测时应把红黑表笔加在电阻器对称的两端，并分别测量4组对称的引脚。检测到的四组数据均应与标称阻值接近，若有一组检测到的结果与标称阻值相差甚远则说明该排阻已损坏。

图10-18　贴片排电阻的检测方法

10.1.12 压敏电阻的检测方法

压敏电阻检测方法如图10-19所示。

选用万用表的R×1k或R×10k挡，将两表笔分别加在压敏电阻两端测出压敏电阻的阻值，交换两表笔再测一次。若两次测得的阻值均为无穷大，说明被测压敏电阻质量合格，否则证明其漏电严重而不可使用

图10-19 压敏电阻器的检测

10.1.13 固定电阻的代换方法

固定电阻代换方法如图10-20所示。

普通固定电阻器损坏后，可以用额定阻值、额定功率均相同的金属膜电阻器或碳膜电阻器代换。

碳膜电阻器损坏后，可以用额定阻值及额定功率相同的金属膜电阻器代换。

如果手头没有同规格的电阻器更换，也可以用电阻器串联或并联的方法做应急处理。需要注意的是，代换电阻必须比原电阻有更稳定的性能，更高的额定功率，但阻值只能在标称容量允许的误差范围内。

图10-20 固定电阻代换方法

10.1.14 压敏电阻器的代换方法

压敏电阻器的代换方法如图10-21所示。

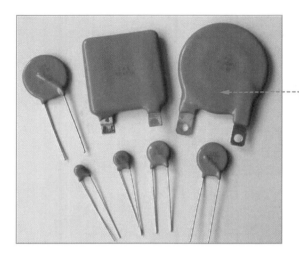

压敏电阻器一般应用于过压保护电路。选用时，压敏电阻器的标称电压、最大连续工作时间及通流容量在内的所有参数都必须合乎要求。标称电压过高，压敏电阻将失去保护意义，而过低则容易被击穿。应更换与其型号相同的压敏电阻器或用与参数相同的其他型号压敏电阻器来代换

图10-21 压敏电阻器的代换方法

10.1.15 光敏电阻的代换方法

光敏电阻的代换方法如图10-22所示。

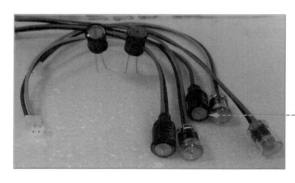

首先满足应用电路的所需的光谱特性，其次要求代换电阻的主要参数要相近，偏差不能超过允许范围。光谱特性不同的光敏电阻器，例如红外光光敏电阻器、可见光光敏电阻器、紫外光光敏电阻器，即使阻值范围相同，也不能相互代换

图10-22 光敏电阻的代换方法

10.2 电容器检测方法

电容器是在电路中引用最广泛的元器件之一，电容器由两个相互靠近的导体极板中间夹一层绝缘介质构成，它是一种重要的储能元件。

10.2.1 常用电容器有哪些

常用的电容器如图10-23所示。

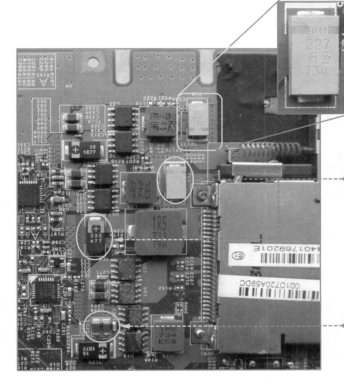

正极符号

有极性贴片电容也就是平时所称的电解电容，由于其紧贴电路版，所以要求温度稳定性要高，所以贴片电容以铝电容为多，根据其耐压不同，贴片电容又可分为A、B、C、D四个系列，A类封装尺寸为3216耐压为10V，B类封装尺寸为3528耐压为16V，C类封装尺寸为6032耐压为25V，D类封装尺寸为7343耐压为35V。

贴片电容也称为多层片式陶瓷电容器，无极性电容下述两类封装最为常见，即0805、0603等，其中，08表示长度是0.08英寸、05表示宽度为0.05英寸

铝电解电容器是由铝圆筒做负极，里面装有液体电解质，插入一片弯曲的铝带做正极而制成的。铝电解电容器的特点是容量大、漏电大、稳定性差，适用于低频或滤波电路，有极性限制，使用时不可接反。

瓷介电容器又称陶瓷电容器，它以陶瓷为介质。瓷介电容损耗小，稳定性好且耐高温，温度系数范围宽，且价格低、体积小。

图10-23 常用电容器

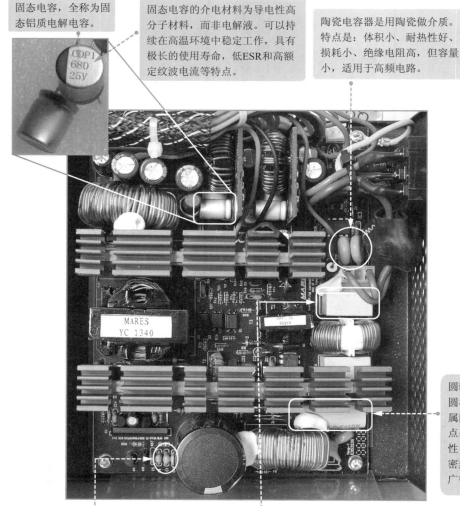

固态电容，全称为固态铝质电解电容。

固态电容的介电材料为导电性高分子材料，而非电解液。可以持续在高温环境中稳定工作，具有极长的使用寿命，低ESR和高额定纹波电流等特点。

陶瓷电容器是用陶瓷做介质。特点是：体积小、耐热性好、损耗小、绝缘电阻高，但容量小，适用于高频电路。

圆轴向电容器由一根金属圆柱和一个与它同轴的金属圆柱壳组合而成。其特点：损耗小、优异的自愈性、阻燃胶带外包和环氧密封、耐高温、容量范围广等。

独石电容器属于多层片式陶瓷电容器，它是一个多层叠合的结构，由多个简单平行板电容器的并联体。它的温度特性好，频率特性好，容量比较稳定。

安规电容适用于这样的场合：即电容器失效后，不会导致电击，不危及人身安全。出于安全考虑和EMC考虑，一般在电源入口建议加上安规电容。它们用在电源滤波器里，起到电源滤波作用，分别对共模，差模干扰起滤波作用。

图10-23　常用电容器（续）

10.2.2　认识电容器的符号很重要

维修电路时，通常需要参考电器设备的电路原理图来查找问题，下面我们结合电路图来识别电路图中的电容器。电容器一般用"C"、"PC"、"EC"、"TC"、"BC"等文字符号来表示。如表10-2和图10-24所示为电容的电路图形符号和电路图中的电容器符号。

表10-2　常见电容电路符号

固定电容器	可变电容器	极性电容器	电解电容器

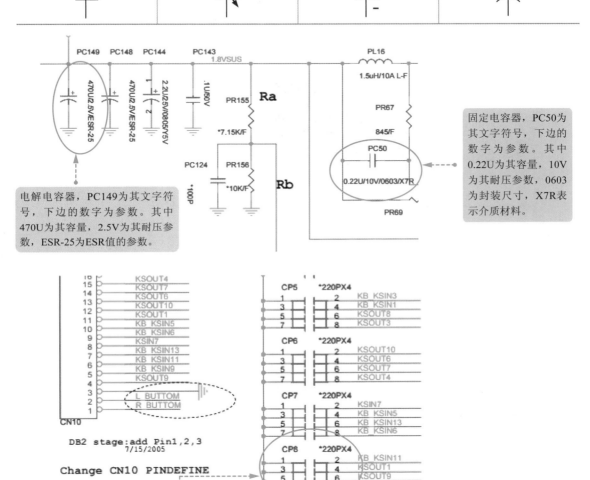

图10-24　电容器的符号

10.2.3　如何读懂电容器的参数

电容器的参数通常会标注在电容器上，一般有直标法和数字标法两种，电容器的标注读识方法如图10-25所示。

直标法就是用数字或符号将电容器的有关参数（主要是标称容量和耐压）直接标示在电容器的外壳上，这种标注法常见于电解电容器和体积稍大的电容器上。

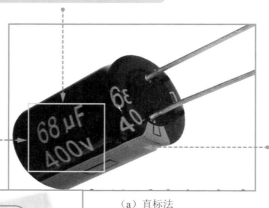

电容上如果标注为"68μF 400V"，表示容量为68μF，耐压为400V。

有极性的电容，通常在负极引脚端会有负极标识"－"，通常负极端颜色和其他地方不同。

（a）直标法

107表示10×10⁷＝100000000pF ＝100μF，16V为耐压参数

107表示$10\times10^{7}=100000000pF=100\mu F$，16V为耐压参数

采用数字标注时常用三位数，前两位数表示有效数，第三位数表示倍乘率，单位为pF。如：101表示$10\times10^{1}=100pF$；104表示$10\times10^{4}=100000pF=0.1\mu F$；223表示$22\times10^{3}=22000pF=0.022\mu F$。

（b）数字标法

如果数字后面跟字母，则字母表示电容容量的误差，其误差值含义为：G表示±2%，J表示±5%；K表示±10%；M表示±20%；N表示±30%；P表示+100%，-0%；S表示+50%，-20%；Z表示+80%，-20%。

（c）偏差表示

图10-25　读懂电容器的参数

10.2.4　读懂数字符号标注的电容器

数字符号法将电容器的容量用数字和单位符号按一定规则进行标称的方法，称为数字符号法。具体方法是：容量的整数部分+容量的单位符号+容量的小数部分。容量的单位符号F（法）、m（毫法）、μ（微法）、n（纳法）、P（皮法）。数字符号法标注电容器的方法如图10-26所示。

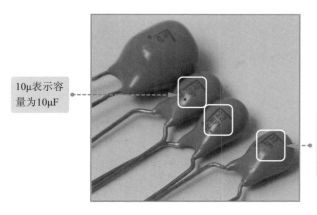

10μ表示容量为10μF

例如：18P表示容量是18皮法、5P6表示容量是5.6皮法、2n2表示容量是2.2纳法(2200皮法)、4m7表示容量是4.7毫法（4700μF）。

图10-26　数字符号法标注电容器

10.2.5　读懂色标法标注的电容器

采用色标法的电容器又称色标电容器，即用色码表示电容器的标称容量。电容器色环识别的方法是如图10-27所示。

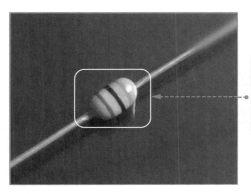

色环顺序自上而下，沿着引线方向排列；分别是第一、二、三道色圈，第一、二颜色表示电容的两位有效数字，第三颜色表示倍乘率，电容的单位规定用pF

图10-27　电容器色环识别的方法

如表10-3所示列出了色环颜色和表示的数字的对照表。

表10-3　色环的含义表

色环颜色	黑色	棕色	红色	橙色	黄色	绿色	蓝色	紫色	灰色	白色
表示数字	0	1	2	3	4	5	6	7	8	9

例如：色环的颜色分别为黄色、紫色、橙色，它的容量为47×10^3pF=47000 pF。

10.2.6 电容器的隔直流作用

电容器阻止直流"通过"，是电容器的一项重要特性，叫作电容器的隔直特性。前面已经讲过电容器的结构，电容器是由两个相互靠近的导体极板中间夹一层绝缘介质构成的。电容器的隔直特性与其结构密切。图10-28所示为电容器直流供电电路图。

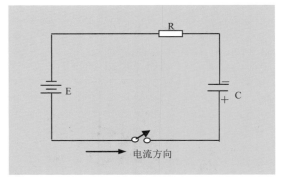

图10-28　电容器直流供电电路图

当开关S未闭合时，电容上不会有电荷，也不会有电压，电路中也没有电流流过。

当开关S闭合时，电源会对电容进行充电，此时电容器两端会分布着相应的电荷。电路中会形成充电电流，当电容器两端电压与电源两端电压相同时充电结束，此时电路中就不再有电流流动。这就是电容器的隔直流作用。

电容器的隔直流作用是指直流电源对电容器充完电之后，由于电容与电源间的电压相等，电荷不再发生定向移动，也就没有了电流，但直流刚加到电容器上时电路中是有电流的，只是充电过程很快结束，具体时间长短与时间常数R和C之积有关。

10.2.7 电容器的通交流作用

电容器具有让交流电"通过"的特性，这被称为电容器的通交流作用。

假设交流电压正半周电压致使电容器A面布满正电荷，B面布满负电荷，如图10-29（a）所示。而交流电负半周时交流电将逐渐中和电容器A面正电荷和B面负电荷，如图10-29（b）所示。一周期完成后电容器上电量为零，如此周而复始，电路中便形成了电流。

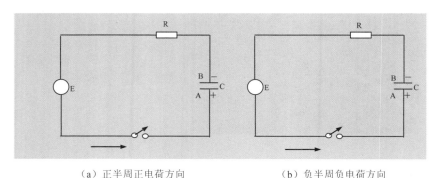

（a）正半周正电荷方向　　　　　　　　（b）负半周负电荷方向

图10-29　电容器交流供电电路图

10.2.8 电容器常见应用电路分析

1. 高频阻容耦合电路分析

耦合电路的作用之一是让交流信号毫无损耗地通过，然后作用到后一级电路中。高频耦合电路是耦合电路中非常常见的一种，图10-30所示是一个高频阻容耦合电路图。在该电路中，其前级放大器和后级放大器都是高频放大器。C是高频耦合电容，R是后级放大器输入电阻（后级放大器内部），R、C构成了我们所要介绍的阻容耦合电路。

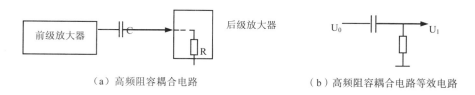

（a）高频阻容耦合电路　　　　　　　　　　（b）高频阻容耦合电路等效电路

图10-30　高频阻容耦合电路与其等效电路

由等效电路可以看出，电容C和电阻R构成一个典型的分压电路。加到这一分压电路中的输入信号U_0是前级放大器的输出信号，分压电路输出的是U_1。U_1越大，说明耦合电路对信号的损耗就越小，耦合电路的性能就越好。

根据分压电路特性可知，当放大器输入电阻R一定时，耦合电容容量越大，其容抗越小，其输出信号U_0就越大，也就是信号损耗就越小。所以，一般要求耦合电容的容量要足够大。

2. 旁路和退耦电容电路分析

对于同一个电路来说，旁路电容是把输入信号中的高频噪声作为滤除对象，将混有高频电流和低频电流的交流电中的高频成分旁路掉的电容。该电路称为旁路电路，退耦电容是把输出信号的干扰作为滤除对象。图10-31所示为旁路和退耦电容电路。

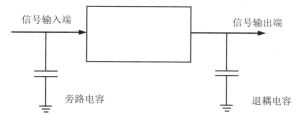

图10-31　旁路和退耦电容电路

旁路电路和退耦电路的核心工作理论：

当混有低频和高频的交流信号经过放大器被放大时，要求通过某一级时只允许低频信号输入到下一级，而不需要高频信号进入，则在该级的输入端加一个适当容量的接地电容，使较高频信号很容易通过此电容被旁路掉（频率越高阻抗越低）；而低频信号由于电容对它的阻抗较大而被输送到下一级进行放大。

退耦电路的工作理论同上，同样是利用一适当规格的电容对干扰信号进行滤除。

3. 滤波电路分析

滤波电路是利用电容对特定频率的等效容抗小、近似短路来实现的，对特定频率信号率除外。在要求较高的电器设备中，如自动控制、仪表等，必须想办法削弱交流成分，而滤波装置就可以帮助改善脉动成分。简易滤波电路示意图如图10-32所示。

滤波电容的等效理解：给电路并联一个小电阻（如2Ω）接地，那么输入直流成分将直接经该电阻流向地，后级工作电路将收不到前级发出的直流信号；同理，经电源并电容

（XC=1/2πfC），当噪声频率跟电容配合使XC足够小（比如也是个位数），则噪声交流信号将直接通过此电容流量接地而不会干扰到后级电路。

4．电容分压电路分析

我们可以用电阻器构成不同的分压电路，其实电容器也可以构成分压电路。图10-33所示为由C_1和C_2构成的分压电路。

图10-32　滤波电路示意图　　　　　　图10-33　电容分压电路

采用电容器构成的分压电路的优势是可以减少分压电路对交流信号的损耗，这样可以更有效地利用交流信号。对某一频率的交流信号，电容器C_1和C_2会有不同的容抗，这两个容抗就构成了对输入信号的分压衰减，这就是电容分压的本质。

10.2.9　0.01μF以下容量固定电容器的检测方法

一般0.01μF以下固定电容器大多是瓷片电容、薄膜电容等。因电容器容量太小，用万用表进行检测，只能定性的检查其绝缘电阻，即有无漏电、内部短路或击穿现象，不能定量判定质量。检测时，先观察判断主要是观察电容器是否有漏液、爆裂或烧毁的情况。

万用表检测0.01μF以下固定电容器的方法如图10-34所示。

二次检测中，阻值都应为无穷大。若能测出阻值（指针向右摆动），则说明电容漏电损坏或内部击穿。

将用万用表功能旋钮旋至R×10k挡，用两表笔分别接电容的两个引脚，观察万用表的指针有无偏转，然后交换表笔再测一次。

图10-34　0.01μF以下固定电容器的方法

10.2.10　0.01μF以上容量固定电容器检测方法

0.01μF以上容量固定电容器检测方法如图10-35所示。

③ 测试时，快速交换电容两个电极，观察表针向右摆动后能否再回到无穷大位置，若不能回到无穷大位置，说明电容器有问题。

① 对于0.01μF以上的固定电容器，可用万用表的R×10k挡测试

② 测试时，观察电容器有无充电过程以及有无内部短路或漏电，并可根据指针向右摆动的幅度大小估计出电容器的容量。

图10-35 0.01μF以上容量固定电容器检测方法

10.2.11 用数字万用表的电容测量插孔测量电容器的方法

用数字万用表的电容测量插孔测量电容器的方法如图10-36所示。

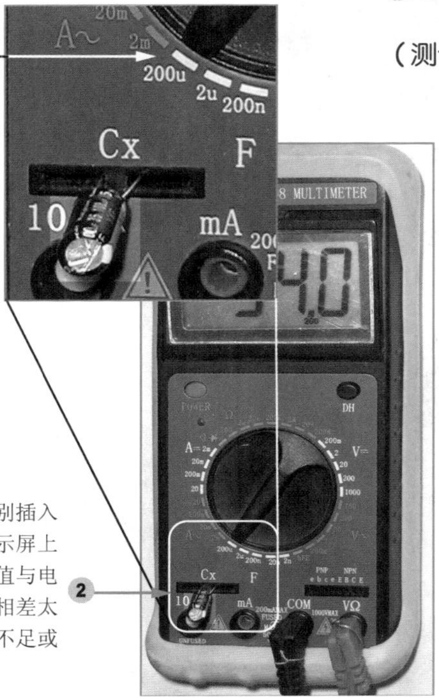

（测试孔测量电容）

① 将功能旋钮旋到电容挡，量程大于被测电容容量。将电容器的两极短接放电。

② 将电容器的两只引脚分别插入电容器测试孔中，从显示屏上读出电容值。将读出的值与电容器的标称值比较，若相差太大，说明该电容器容量不足或性能不良，不能再使用

图10-36 用数字万用表的电容测量插孔测量电容器的方法

10.2.12 电容器代换方法

电容器损坏后，原则上应使用与其类型相同、主要参数相同、外形尺寸相近的电容器来更换。但若找不到同类型的电容器，也可用其他类型的电容器代换。

1. 普通电容代换方法

普通电容代换方法如图10-37所示。

普通电容器代换时，原则上应选用同型号，同规格电容器代换。如果选不到相同规格的电容器，可以选用容量基本相同，耐压参数相等或大于原电容器参数的电容器代换。特殊情况需要考虑电容器的温度系数。

玻璃釉电容器或云母电容器损坏后，可以用与其主要参数相同的瓷介电容器代换。纸介电容器损坏后，可用与其主要参数相同但性能更优的有机薄膜电容器或低频瓷介电容器代换。

图10-37 普通电容代换方法

2. 电解电容代换方法

电解电容代换方法如图10-38所示。

对于一般的电解电容通常可以用耐压值较高，容量相同的电容器代换。用于信号耦合、旁路的铝电解电容器损坏后，也可用与其主要参数相同但性能更优的电解电容器代换

图10-38 电解电容代换方法

10.3　电感器检测方法

电感器是一种能够把电能转化为磁能并储存起来的元器件，它主要的功能是阻止电流的变化。当电流由小到大变化时，电感阻止电流的增大。当电流由大到小变化时，电感阻止电流减小；电感器常与电容器配合在一起工作，在电路中主要用于滤波（阻止交流干扰）、振荡（与电容器组成谐振电路）、波形变换等。

10.3.1　常用电感器有哪些

电路中常用的电感器如图10-39所示。

全封闭式超级铁素体（SFC），此电感可以依据当时的供电负载来自动调节电力的负载。

磁棒电感的结构是在线圈中安插一个磁棒制成的，磁棒可以在线圈内移动，用于调整电感的大小。通常将线圈做好调整后要用石蜡固封在磁棒上，以防止磁棒的滑动而影响电感。

封闭式电感是一种将线圈完全密封在一个绝缘盒中制成的。这种电感减少了外界对电感的影响，性能更加稳定。

磁环电感的基本结构是在磁环上绕制线圈制成的。磁环的存在大大提高了线圈电感的稳定性，磁环的大小以及线圈的缠绕方式都会对电感造成很大的影响。

图10-39　电路中常用的电感器

贴片电感又被称为功率电感。它具有小型化、高品质、高能量储存和低电阻的特性。

半封闭电感,防电磁干扰良好,在高频电流通过时不会发生异响,散热良好,可以提供大电流。

全封闭陶瓷电感,此电感以陶瓷封装,属于早期产品。

超薄贴片式铁氧体电感,此电感以锰锌铁氧体、镍锌铁氧体作为封装材料。散热性能、电磁屏蔽性能较好,封装厚度较薄。

全封闭铁素体电感,此电感以四氧化三铁混合物封装,相比陶瓷电感而言具备更好的散热性能和电磁屏蔽性。

超合金电感使用的是集中合金粉末压合而成,具有铁氧体电感和磁圈的优点,可以实现无噪声工作,工作温度较低(35℃)。

图10-39 电路中常用的电感器(续)

10.3.2　认识电感器的符号很重要

维修电路时，通常需要参考电器设备的电路原理图来查找问题，下面我们结合电路图来识别电路图中的电感器。电感器一般用"L"、"PL"等文字符号来表示。如表10-4所示为常见电感器的电路图形符号，图10-40为电路图中的电感器的符号。

表10-4　常见电感器电路符号

电感器	带铁心电感器	共模电感器	磁环电感器	单层线圈电感

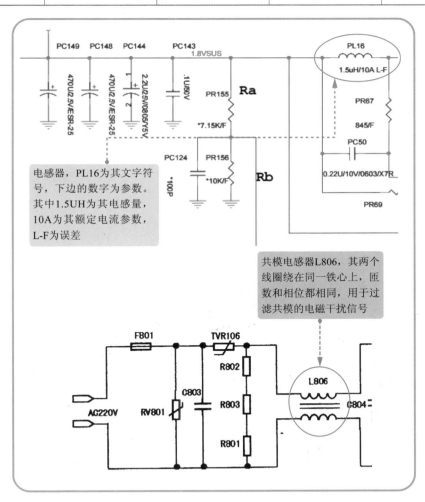

图10-40　电感器的符号

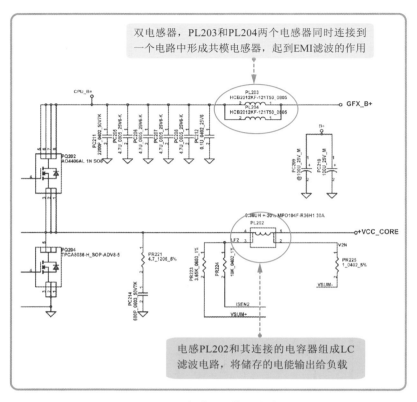

图10-40 电感器的符号（续）

10.3.3 如何读懂电感器的参数

电感器的参数通常会标注在电感器上，电感器的标注读识方法如图10-41所示。

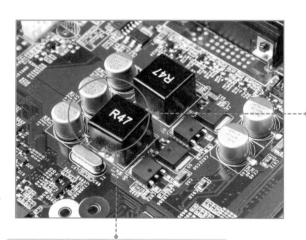

数字符号法是将电感的标称值和偏差值用数字和文字符号法按一定的规律组合标示在电感体上。采用文字符号法表示的电感通常是一些小功率电感，单位通常为nH或pH。用pH做单位时，"R"表示小数点；用"nH"做单位时，"N"表示小数点。

例如，R47表示电感量为0.47 μH，而4R7则表示电感量为4.7 μH；10N表示电感量为10nH。

图10-41 读懂电感器的参数

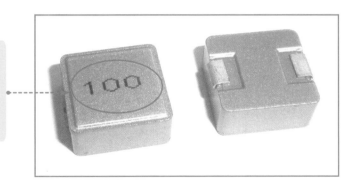

数码法标注的电感器，前两位数字表示有效数字，第三位数字表示倍乘率，如果有第四位数字，则表示误差值。这类的电感器的电感量的单位一般都是微亨（μH）。例如100，表示电感量为10*10⁰=10μH

图10-41　读懂电感器的参数（续）

10.3.4　电感器的通直阻交特性

通直作用是指电感对直流电而言呈通路，如果不计线圈自身的电阻那么直流可以畅通无阻地通过电感。一般而言，线圈本身的直流电阻是很小的，为简化电感电路的分析而常常忽略不计。

当交流电通过电感器时电感器对交流电有阻碍作用，阻碍交流电的是电感线圈产生的感抗，它同电容的容抗类似。电感器的感抗大小与两个因素有关，电感器的电感量和交流电的频率。感抗用X_L表示，计算公式为$XL=2\pi fL$（f为交流电的频率，L为电感器的电感量）。由此可知，在流过电感的交流电频率一定时，感抗与电感器的电感量成正比；当电感器的电感量一定时，感抗与通过的交流电的频率成正比。

10.3.5　电感器常见应用电路分析

1.　电感滤波电路分析

电感滤波电路是用电感器构成的一种滤波电路，其滤波效果相当好，只是要求滤波电感的电感量较大，电路中常使用的是π型LC滤波电路，如图10-42所示。

电路中C_0、C_3是滤波电容，C_1是高频滤波电容。由于电感对直流电几乎没有阻碍作用，而电容对直流电的阻碍作用无穷大，因此直流电会顺着电感的方向输出；而当交流电通过时，电感会对交流电有很大的阻碍作用，我们知道电容对交流则形同开路，因此交流电流会直接经电容接地。

2.　抗高频干扰电路分析

图10-43所示为高频抗干扰电感电路，L_1、L_2是电感器，L_3为变压器。由于电感器的高频干扰作用比较强，所以在经过L_1、L_2时，高频电压大部分会被消耗，从而得到更纯的低频电压。

3.　电感分频电路分析

电感器可以用于分频电路以区分高低频信号。图10-44所示为来复式收音机的中高频阻流圈电路，线圈L对高频信号感抗很强而电容对高频信号容抗很小，因此高频信号只能通过电容进入检波电路。检波后的音频信号经过VT放大就可以通过L到达耳机了。

4.　LC谐振电路分析

图10-45所示为收音机高放电路，这是由电感器与电容器组成的谐振选频电路。可变电感

器L与电容器C1组成调谐回路，通过调节L即可改变谐振频率，从而达到选台的目的。

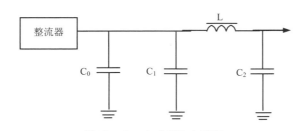

图10-42　电感滤波电路图

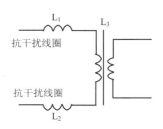

图10-43　抗高频干扰电路

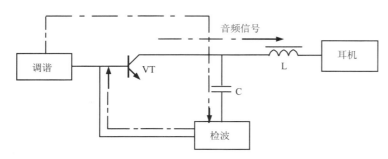

图10-44　复式收音机中高频阻流圈电路

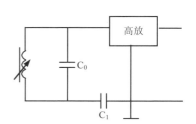

图10-45　LC谐振电路

10.3.6　指针万用表测量电感器的方法

一般来说，电感器的线圈匝数不多，直流电阻很低。因此，用万用表电阻挡进行检查很实用。用指针万用表检测电感器的方法如图10-46所示。

（电感器检测）

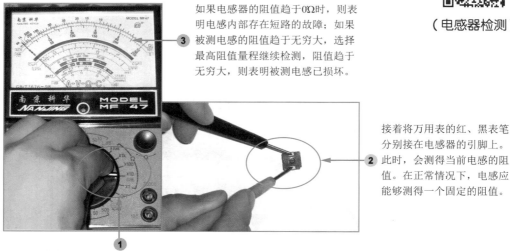

3 如果电感器的阻值趋于0Ω时，则表明电感内部存在短路的故障；如果被测电感的阻值趋于无穷大，选择最高阻值量程继续检测，阻值趋于无穷大，则表明被测电感已损坏。

2 接着将万用表的红、黑表笔分别接在电感器的引脚上。此时，会测得当前电感的阻值。在正常情况下，电感应能够测得一个固定的阻值。

1 首先将万用表的挡位旋至欧姆挡的"R×10"挡，然后对万用表进行调零校正。

图10-46　用指针万用表检测电感器的方法

10.3.7　数字万用表测量电感器方法

用数字万用表检测电感器时，将数字万用表调到二极管挡（蜂鸣挡），然后把表笔放在两只引脚上，观察万用表的读数。

数字万用表测量电感器的方法如图10-47所示。

对于贴片电感此时的读数应为零，若万用表读数偏大或为无穷大则表示电感损坏

对于电感线圈匝数较多，线径较细的线圈读数会达到几十到几百，通常情况下线圈的直流电阻只有几欧姆。如果电感损坏，多表现为发烫或电感磁环明显损坏，若电感线圈不是严重损坏，而又无法确定时，可用电感表测量其电感量或用替换法来判断。

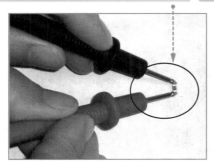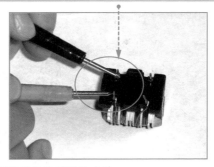

图10-47　数字万用表测量电感器的方法

10.3.8　电感器代换方法

电感器损坏后，原则上应使用与其性能类型相同、主要参数相同、外形尺寸相近的电感器来更换。但若找不到同类型电感器，也可用其他类型的电感器代换。

代换电感器时，首先应考虑其性能参数（例如电感量、额定电流、品质因数等）及外形尺寸是否符合要求。几种常用的电感器的代换方法如图10-48所示。

对于贴片式小功率电感元件，由于其体积小、线径细、封装严密，一旦通过的电流过大，内部温度上升后热量不易散发。因此，出现断路或者匝间短路的概率是比较大的。代换时只要体积大小相同即可。

对于体积大、铜线粗的大功率储能电感，其损坏概率很小，如果要代换这种电感元件，必须要外表上印有的型号相同，对应的体积、匝数、线径都相同才能代换。

图10-48　几种常用的电感器的代换方法

10.4 二极管检测方法

二极管又称晶体二极管，它是最常用的电子元件之一。它最大的特性就是单向导电，在电路中，电流只能从二极管的正极流入，负极流出。利用二极管单向导电性，可以把方向交替变化的交流电变换成单一方向的脉冲直流电。另外，二极管在正向电压作用下电阻很小，处于导通状态，在反向电压作用下，电阻很大，处于截止状态，如同一只开关。利用二极管的开关特性，可以组成各种逻辑电路（如整流电路、检波电路、稳压电路等）。

10.4.1 常用二极管有哪些

电路中常用的二极管如图10-49所示。

发光二极管的内部结构为一个PN结而且具有晶体管的通性。当发光二极管的PN结上加上正向电压时，会产生发光现象。

开关二极管是半导体二极管的一种，是为在电路上进行"开"、"关"而特殊设计制造的一类二极管。它由导通变为截止或由截止变为导通所需的时间比一般二极管短。

稳压二极管也叫齐纳二极管，它是利用二极管反向击穿时两端电压不变的原理来实现稳压限幅、过载保护。

图10-49 电路中常用的二极管

检波二极管的作用是利用其单向导电性将高频或中频无线电信号中的低频信号或音频信号分检出来的器件。

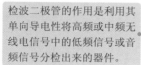

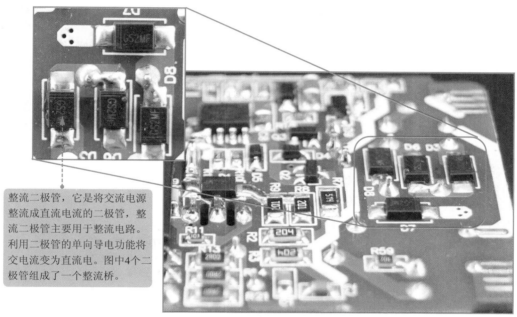

整流二极管，它是将交流电源整流成直流电流的二极管，整流二极管主要用于整流电路。利用二极管的单向导电功能将交电流变为直流电。图中4个二极管组成了一个整流桥。

图10-49 电路中常用的二极管（续）

10.4.2 认识二极管的符号很重要

维修电路时，通常需要参考电器设备的电路原理图来查找问题，下面我们结合电路图来识别电路图中的二极管。二极管一般用"D"、"VD"、"PD"等文字符号来表示。如表10-5所示为常见二极管的电路图形符号，图10-50为电路图中的二极管的符号。

表10-5 常见二极管电路符号

普通二极管		双向抑制二极管	稳压二极管	发光二极管
─▷├─	─▶├─	─▶├◀─	─▶│─	─▶│⤢

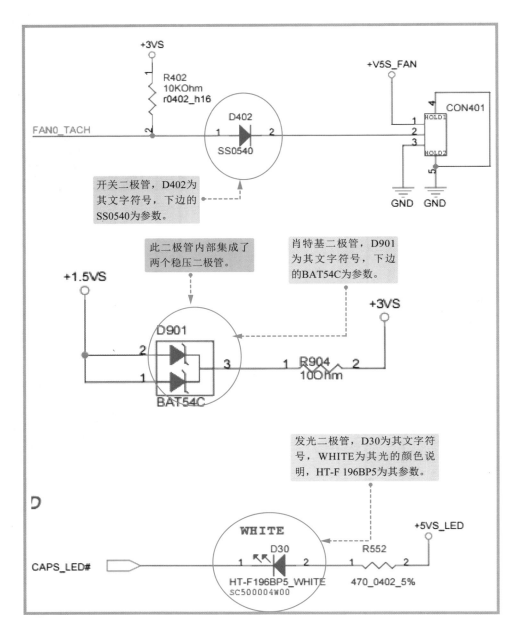

图10-50　电路图中的二极管的符号

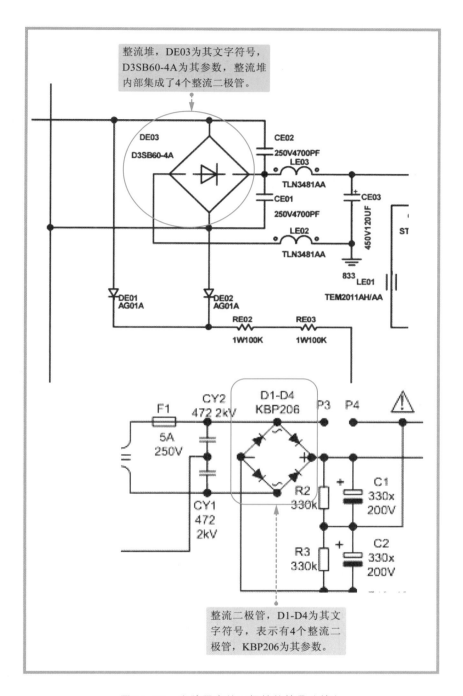

整流堆，DE03为其文字符号，D3SB60-4A为其参数，整流堆内部集成了4个整流二极管。

整流二极管，D1-D4为其文字符号，表示有4个整流二极管，KBP206为其参数。

图10-50　电路图中的二极管的符号（续）

10.4.3 二极管的构造及其单向导电性

晶体二极管是由一个P型半导体和一个N型半导体形成的PN结，接出相应的电极引线，再加上一个管壳密封而成的。图10-51所示为二极管的功能区结构图。

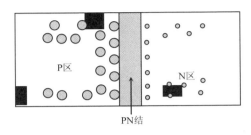

图10-51　二极管的功能区结构图

二极管具有单向导电性，即电流只能沿着二极管的一个方向流动。

将二极管的正极（P）接在高电位端，负极（N）接在低电位端，当所加正向电压达到一定程度时，二极管就会导通，这种连接方式，称为正向偏置。需要补充的是，当加在二极管两端的正向电压比较小时，二极管仍不能导通，流过二极管的正向电流是很小的。只有当正向电压达到某一数值以后，二极管才能真正导通。这一数值常被称作门槛电压。

如果将二极管的负极接在高电位端，正极接在低电位端，此时二极管中将几乎没有电流流过，二极管处于截止状态，我们称这种连接方式为反向偏置。在这种状态下，二极管中仍然会有微弱的反向电流流过二极管，该电流被称为漏电流。当两端反向电压增大到一定程度后，电流会急剧增加，二极管将被击穿，而失去单向导电功能。

其伏安特性曲线如图10-52所示。

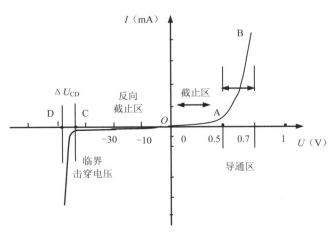

图10-52　二极管伏安特性曲线

10.4.4　二极管常见应用电路分析

1. 二极管半波整流电路分析

半波整流电路是利用二极管的单向导电特性，将交流电转换成单向脉冲性直流电的电路。半波整流电路是用一只整流二极管构成的电路。图10-53所示为简易的二极管半波整流电路。

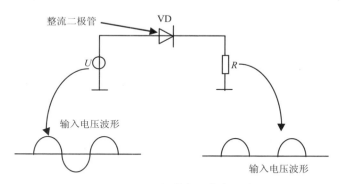

图10-53　二极管半波整流电路

2. 二极管简易稳压电路分析

稳压电路的作用主要是用来稳定直流工作电压的。图10-54所示为由三只二极管组成的稳压电路。如果没有VD_1、VD_2、VD_3的存在，A电压会随着输入电压的波动而波动，而当电路中接入VD_1、VD_2、VD_3后，A点形成稳定的电压。这是二极管一个重要的特性，因为大多数电子元器件都是在稳定的直流电压下才能进行正常工作。

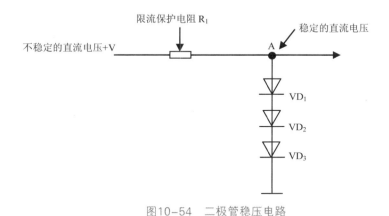

图10-54　二极管稳压电路

10.4.5　用指针万用表检测二极管

二极管的检测要根据二极管的结构特点和特性，作为理论依据。特别是二极管正向电阻小、反向电阻大这一特性。用指针万用表对二极管进行检测的方法如图10-55所示。

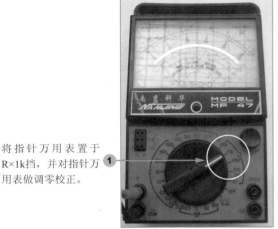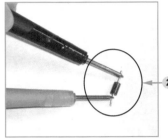

将指针万用表置于R×1k挡，并对指针万用表做调零校正。

将万用表的两表笔分别接二极管的两个引脚，测量出一个结果后，对调两表笔再次进行测量。

图10-55　用指针万用表对二极管进行检测的方法

如果两次测量中，一次阻值较小，另一次阻值较大（或为无穷大），则说明二极管基本正常。阻值较小的一次测量结果是二极管的正向电阻值，阻值较大（或为无穷大）的一次为二极管的反向电阻值。且在阻值较小的那一次测量中，指针万用表黑表笔所接二极管的引脚为二极管的正极，红表笔所接引脚为二极管的负极。

如果测得二极管的正、反向电阻值都很小，则说明二极管内部已击穿短路或漏电损坏，需要替换新管。如果测得二极管的正、反向电阻值均为无穷大，则说明该二极管已开路损坏,需要替换新的二极管。

10.4.6　用数字万用表二极管挡检测

用数字万用表对二极管进行检测的方法如图10-56所示。

（二极管检测）

将数字万用表的挡位调到二极管挡。

将万用表的红表笔接二极管的正极，黑表笔接负极测量正向电压。

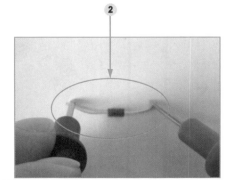

图10-56　用数字万用表对二极管进行检测的方法

当被测二极管正向电压低于0.7V时，万用表会发出一声短促的响声；当二极管正向电压低于0.1V时，万用表发出长鸣响声；如果万用表蜂鸣器不响，则可能二极管已开路；如果普通二极管发出长鸣，则可能是内部被击穿短路。普通二极管正向压降为0.4~0.8V，肖特基二极管的正向压降在0.3V以下，稳压二极管正向压降有可能在0.8V以上。

10.5 三极管检测方法

三极管全称为晶体三极管，具有电流放大作用，是电子电路的核心元件。三极管是一种控制电流的半导体器件其作用是把微弱信号放大成幅度值较大的电信号。

三极管是在一块半导体基片上制作两个相距很近的PN结，两个PN结把整块半导体分成三部分，中间部分是基区，两侧部分是发射区和集电区，排列方式有PNP和NPN两种。

三极管按材料分有两种：锗管和硅管。而每一种又有NPN和PNP两种结构形式，但使用最多的是硅NPN和锗PNP两种三极管。

10.5.1 常用三极管有哪些

三极管是电路中最基本的元器件之一，在电路中被广泛的使用，特别是放大电路中，如图10-57所示为电路中常用的三极管。

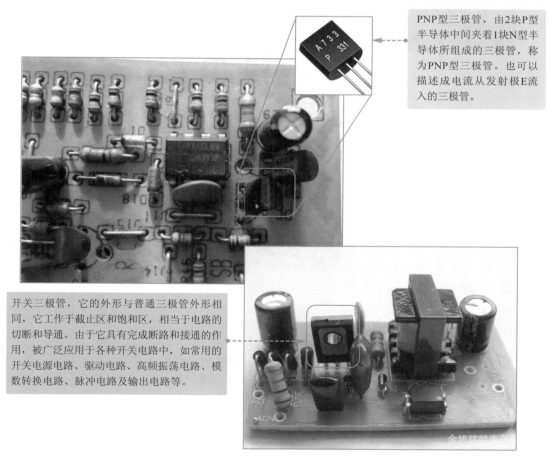

PNP型三极管，由2块P型半导体中间夹着1块N型半导体所组成的三极管，称为PNP型三极管。也可以描述成电流从发射极E流入的三极管。

开关三极管，它的外形与普通三极管外形相同，它工作于截止区和饱和区，相当于电路的切断和导通。由于它具有完成断路和接通的作用，被广泛应用于各种开关电路中，如常用的开关电源电路、驱动电路、高频振荡电路、模数转换电路、脉冲电路及输出电路等。

图10-57 常用三极管

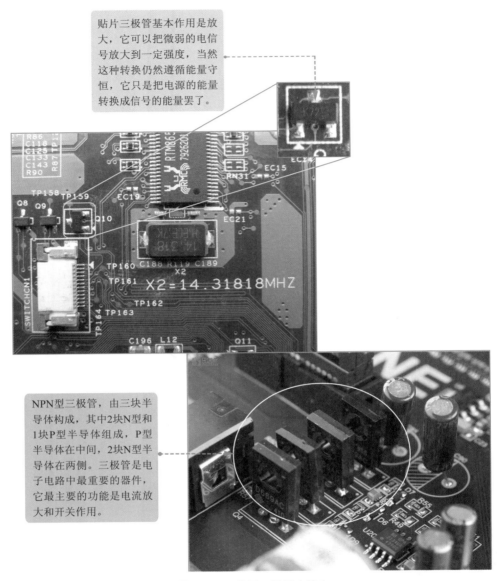

贴片三极管基本作用是放大，它可以把微弱的电信号放大到一定强度，当然这种转换仍然遵循能量守恒，它只是把电源的能量转换成信号的能量罢了。

NPN型三极管，由三块半导体构成，其中2块N型和1块P型半导体组成，P型半导体在中间，2块N型半导体在两侧。三极管是电子电路中最重要的器件，它最主要的功能是电流放大和开关作用。

图10-57　常用三极管（续）

10.5.2　认识三极管的符号很重要

维修电路时，通常需要参考电器设备的电路原理图来查找问题，下面我们结合电路图来识别电路图中的三极管。三极管一般用"Q"、"V"、"QR""BG""PQ"等文字符号来表示。如表10-6所示为常见三极管的电路图形符号，图10-35为电路图中的三极管的符号。

表10-6　常见三极管电路符号

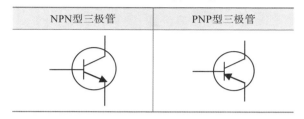

NPN型三极管	PNP型三极管

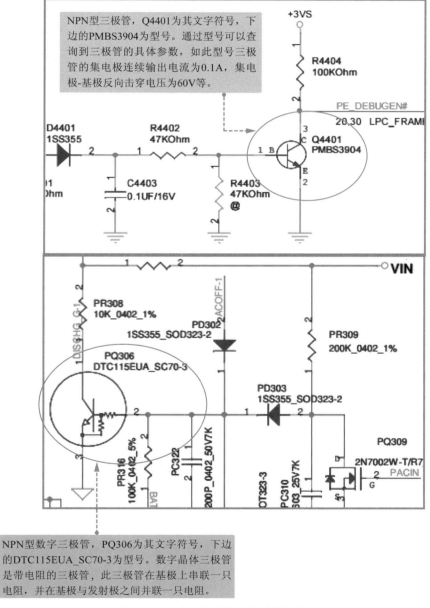

NPN型三极管，Q4401为其文字符号，下边的PMBS3904为型号。通过型号可以查询到三极管的具体参数，如此型号三极管的集电极连续输出电流为0.1A，集电极-基极反向击穿电压为60V等。

NPN型数字三极管，PQ306为其文字符号，下边的DTC115EUA_SC70-3为型号。数字晶体三极管是带电阻的三极管，此三极管在基极上串联一只电阻，并在基极与发射极之间并联一只电阻。

图10-58　电路图中的三极管的符号

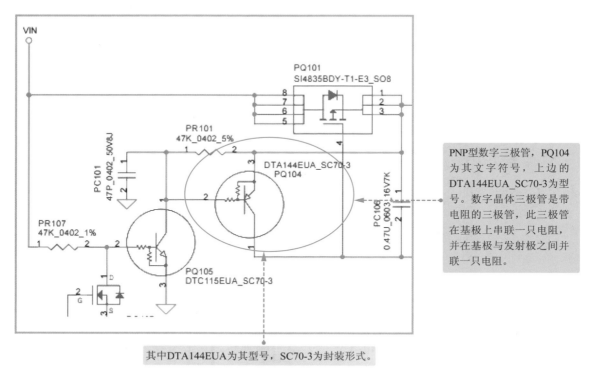

PNP型数字三极管，PQ104为其文字符号，上边的DTA144EUA_SC70-3为型号。数字晶体三极管是带电阻的三极管，此三极管在基极上串联一只电阻，并在基极与发射极之间并联一只电阻。

其中DTA144EUA为其型号，SC70-3为封装形式。

图10-58 电路图中的三极管的符号（续）

10.5.3 三极管电流放大作用

1. 三极管接法及电流分配

在对三极管的电流放大作用进行讲解之前，首先我们先了解一下三极管在电路中的接法，以及各电极上电流的分配。以NPN三极管为例，图10-59所示为一个三极管各电极电流分配示意图。

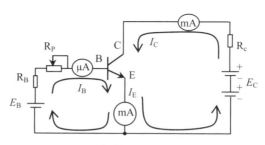

图10-59 三极管各电极电流分配示意图

在图10-59中，电源E_C给三极管集电结提供反向电压，电源E_B给三极管发射结提供正向电压。电路接通后，就有三只电流流过三极管，即基极电流I_B、集电极电流I_C和发射极电流I_E。其中三只电流的关系为：$I_E=I_B+I_C$，这对PNP型三极管同样适用。这个关系符合节点电流定律：流入某节点的电流之和等于流出该节点的电流之和。

注意：PNP型三极管的电流方向刚好和NPN型三极管的电流方向相反。

2．三极管的电流放大作用

对于晶体三极管来说，在电路中最重要的特性就是对电流的放大作用。如图10-4所示。通过调节可变电阻R_P的阻值，可以改变基极电压的大小，从而影响基极电流I_B的大小。三极管具有一个特殊的调节功能，即使$I_C / I_B \approx \beta$，β为三极管一固定常数（绝大多数三极管的β值为50～150的数值），也就是通过调节I_B的大小可以调节I_C的变化，进一步得到对发射极电流I_E的调控。

需要补充的是，为使三极管放大电路能够正常工作，需要为三极管加上合适的工作电压。对于图中NPN型三极管而言，要使图中的$U_B > U_E$、$U_C > U_B$，这样电流才能正常流通。假使$U_B > U_C$，那么I_C就要掉头了。

综上可知，三极管的电流放大作用，实质是一种以小电流操控大电流的作用，并不是一种使能量无限放大的过程。该过程遵循能量守恒。

10.5.4　用指针式万用表检测三极管的极性

将万用表调置欧姆挡的"R×100"挡。将黑表笔接在其中一只引脚上，用红表笔分别去接另外两只引脚。观察指针偏转，如果两次测得的指针偏转位置相近，证明该三极管为NPN型，且黑表笔接所的电极就是三极管基极（B极）。

（极性判断）

如果将黑表笔分别接这三个引脚均无法得出上述结果，如果该三极管是正常的，可以断定该三极管属于PNP型。将红表笔接在其中一只引脚上，用黑表笔分别去接另外两只引脚。观察指针偏转，如果两次测得的指针偏转位置相近，证明该三极管为PNP型，且红表笔接所的电极就是三极管基极（B极）。

接下来通过万用表"R×10k"挡判断三极管的集电极与发射极。首先对NPN型三极管进行检测。将红黑表笔分别接在基极之外的两只引脚上，同时将基极引脚与黑表笔相接触，记录指针偏转。交换两表笔再重测一次，并记录指针偏转。对比这两次的测量结果，指针偏转大的那次，红表笔所接的是三极管发射极，黑表笔所接的是三极管集电极。

对于PNP型三极管来说，将红黑表笔分别接在基极之外的两只引脚上，同时将基极引脚与红表笔相接触，记录指针偏转。交换两表笔再重测一次，并记录指针偏转。对比这两次的测量结果，指针偏转大的那次，红表笔所接的是三极管集电极，黑表笔所接的是三极管发射极。

10.5.5　三极管检测方法

通过测量三极管各引脚电阻值来检测三极管的好坏，如图10-60所示。

（三级管检测）

利用三极管内PN结的单向导电性，检查各极间PN结的正反向电阻值，如果相差较大说明三极管是好的，如果正反向电阻值都大，说明三极管内部有断路或者PN结性能不好。如果正反向电阻都小，说明三极管极间短路或者击穿了。

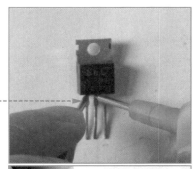

测PNP小功率锗管时，万用表R×100挡红表笔接集电极，黑表笔接发射极，相当于测三极管集电结承受反向电压时的阻值，高频管读数应在50千欧姆以上，低频管读数应在几千欧姆到几十千欧姆范围内，测NPN锗管时，表笔极性相反。

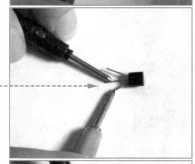

测NPN小功率硅管时，万用表R×1k档负表笔接集电极，正表笔接发射极，由于硅管的穿透电流很小，阻值应在几百千欧姆以上，一般表针不动或者微动。

测大功率三极管时，由于PN结大，一般穿透电流值较大，用万用表R×10挡测量集电极与发射极间反向电阻，应在几百欧姆以上。

图10-60　测量各种三极管的阻值

诊断方法：如果测得阻值偏小，说明三级管穿透电流过大。如果测试过程中表针缓缓向低阻方向摆动，说明三级管工作不稳定。如果用手捏三级管壳，阻值减小很多，说明三级管热稳定性很差。

10.5.6　三极管代换方法

三极管的代换方法如图10-61所示。

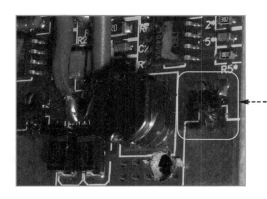

当三极管损坏后，最好选用同类型（材料相同、极性相同）、同特性（参数值和特性曲线相近）、同外形的三极管替换。如果没有同型号的三极管，则应选用耗散功率、最大集电极电流、最高反向电压、频率特性、电流放大系数等参数相同的三极管代换。

图10-61　三极管的代换方法

10.6　场效应管检测方法

场效应晶体管简称场效应管，是一种用电压控制电流大小的器件，是利用控制输入回路的电场效应来控制输出回路电流的半导体器件，带有PN结。

10.6.1　常用的场效应管有哪些

目前场效应管的品种很多，但可划分为两大类，一类是结型场效应管（JFET），另一类是绝缘栅型场效应管（MOS管）两大类。按沟道材料型和绝缘栅型各分N沟道和P沟道两种；按导电方式：耗尽型与增强型，结型场效应管均为耗尽型，绝缘栅型场效应管既有耗尽型的也有增强型的。如图10-62所示。

结型场效应管是在一块N型（或P型）半导体棒两侧各做一个P型区（或N型区），就形成两个PN结。把两个P区（或N区）并联在一起，引出一个电极，称为栅极（G），在N型（或P型）半导体棒的两端各引出一个电极，分别称为源极（S）和漏极（D）。夹在两个PN结中间的N区（或P区）是电流的通道，称为沟道。这种结构的管子称为N沟道（或P沟道）结型场效应管。

绝缘栅型场效应管是以一块P型薄硅片作为衬底，在它上面做两个高杂质的N型区，分别作为源极（S）和漏极（D）。在硅片表覆盖一层绝缘物，然后再用金属铝引出一个电极G（栅极）。这就是绝缘栅场效应管的基本结构。

图10-62　场效应管种类

10.6.2　认识场效应管的符号很重要

维修电路时，通常需要参考电器设备的电路原理图来查找问题，下面我们结合电路图来识别电路图中的场效应管。场效应管一般用"Q"、"U""PQ"等文字符号来表示。如表10-7所示为常见场效应管的电路图形符号，图10-63为电路图中的场效应管。

表10-7　常见场效应管电路符号

增强型N沟道管	耗尽型N沟道管	增强型P沟道管	耗尽型P沟道管
D G S	D G S	D G S	D G S

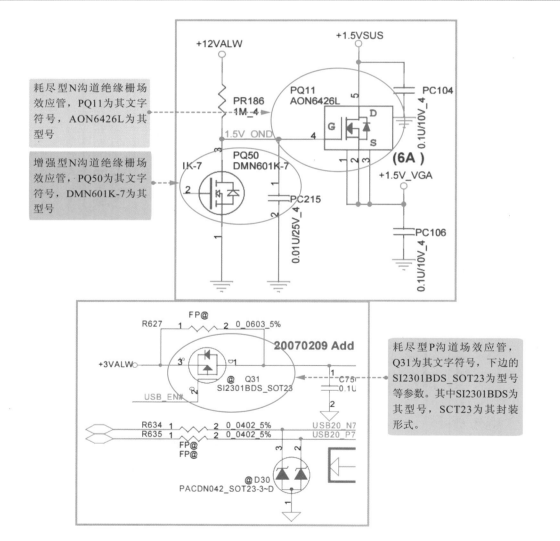

耗尽型N沟道绝缘栅场效应管，PQ11为其文字符号，AON6426L为其型号

增强型N沟道绝缘栅场效应管，PQ50为其文字符号，DMN601K-7为其型号

耗尽型P沟道场效应管，Q31为其文字符号，下边的SI2301BDS_SOT23为型号等参数。其中SI2301BDS为其型号，SCT23为其封装形式。

图10-63　电路图中的场效应管

10.6.3　用数字万用表检测场效应管的方法

用数字万用表检测场效应管的方法如图10-64所示。

如果其中两组数据为1，另一组数据在300~800之间，说明场效应管正常；如果其中有一组数据为0，则说明场效应管被击穿。

（场效应管检测）

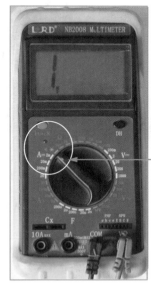

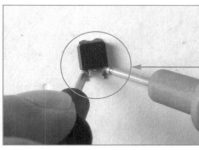

2 接着用两只表笔分别接触场效应管三只引脚中的两只，测量三组数据。

1 将数字万用表拨到二极管挡（蜂鸣挡），然后先将场效应管的三只引脚短接放电。

图10-64　用数字万用表检测场效应管的方法

10.6.4　用指针万用表检测场效应管的方法

用指针万用表检测场效应管的方法如图10-65所示。

测量场效应管的好坏也可以使用万用表的"R×1k"挡。测量前同样需将三只引脚短接放电，以避免测量中产生误差。

用万用表的两表笔任意接触场效应管的两只引脚，好的场效应管测量结果应只有一次有读数，并且值在4k～8k之间，其他均为无穷大。

图10-65　用指针万用表检测场效应管的方法

如果在最终测量结果中测得只有一次有读数，并且为"0"时，需短接该组引脚重新测量；如果重测后阻值在4k～8k则说明场效应管正常；如果有一组数据为0，说明场效应管已经被击穿。

10.6.5 场效应管代换方法

场效应管代换方法如图10-66所示。

场效应管损坏后，最好用同类型、同特性、同外形的场效应管更换。如果没有同型号的场效应管，则可以采用其他型号的场效应管代换。一般N沟道的与N沟道的场效应管进行代换，P沟道的与P沟道的场效应管进行代换。功率大的可以代换功率小的场效应管。小功率场效应管代换时，应考虑其输入阻抗、低频跨导、夹断电压或开启电压、击穿电压等参数；大功率场效应管代换时，应考虑击穿电压（应为功放工作电压的两倍以上）、耗散功率（应达到放大器输出功率的0.5~1倍）、漏极电流等参数。

图10-66　场效应管代换方法

10.7　变压器检测方法

变压器（Transformer）是利用电磁感应的原理来改变交流电压的装置，它可以把一种电压的交流电能转换成相同频率的另一种电压的交流电，变压器主要由初级线圈、次级线圈和铁心（磁芯）组成。生活中变压器无处不在，大到工业用电、生活用电等电力设备，小到手机、各种家电、电脑等供电电源都会用到变压器。

10.7.1　常用变压器有哪些

变压器是电路中常见的元器件之一，在电源电路中被广泛使用，如图10-67所示为电路中的变压器。

电源变压器是小型电器设备的电源中常用的元器件之一，它可以实现功率传送、电压变换和绝缘隔离。当一交流电流流于其中一组线圈时，于另一组线圈中将感应出具有相同频率的交流电压。

图10-67　电路中的变压器

音频变压器是工作在音频范围的变压器，又称低频变压器。工作频率范围一般在10～20000Hz之间。音频变压器可以像电源变压器那样实现电压器转换，也可以实现音频信号耦合。

升压变压器，它是用来把低数值的交变电压变换为同频率的另一较高数值交变电压的变压器。其在高频领域应用较广，如逆变电源等。

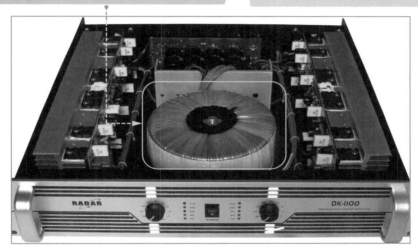

图10-67　电路中的变压器（续）

10.7.2　认识变压器的符号很重要

维修电路时，通常需要参考电器设备的电路原理图来查找问题，下面我们结合电路图来识别电路图中的变压器。变压器一般用"T""TR"等文字符号来表示。如表10-8所示为常见变压器的电路图形符号，图10-68为电路图中的变压器。

表10-8　常见变压器电路符号

单二次绕组变压器	多次绕组变压器	二次绕组带中心轴头变压器

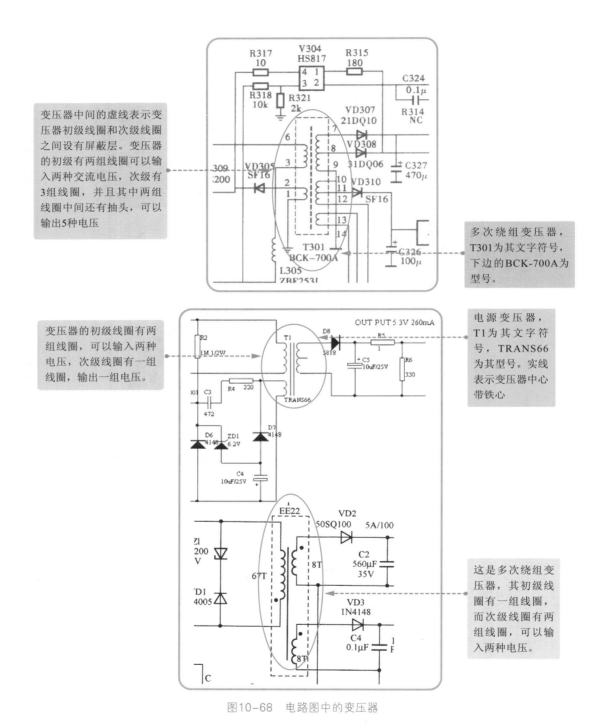

变压器中间的虚线表示变压器初级线圈和次级线圈之间设有屏蔽层。变压器的初级有两组线圈可以输入两种交流电压，次级有3组线圈，并且其中两组线圈中间还有抽头，可以输出5种电压

多次绕组变压器，T301为其文字符号，下边的BCK-700A为型号。

变压器的初级线圈有两组线圈，可以输入两种电压，次级线圈有一组线圈，输出一组电压。

电源变压器，T1为其文字符号，TRANS66为其型号。实线表示变压器中心带铁心

这是多次绕组变压器，其初级线圈有一组线圈，而次级线圈有两组线圈，可以输入两种电压。

图10-68　电路图中的变压器

10.7.3　通过观察外观来检测变压器

通过观察外观来检测变压器的方法如图10-69所示。

检测变压器首先要检查变压器外表是否有破损，观察线圈引线是否断裂、脱焊，绝缘材料是否有烧焦痕迹，铁心紧固螺杆是否有松动，硅钢片有无锈蚀，绕组线圈是否有外露等。如果有这些现象，说明变压器有故障。

同时在空载加电后几十秒钟之内用手触摸变压器的雾铁心，如果有烫手的感觉，则说明变压器有短路点存在。

图10-69　通过观察外观来检测变压器的方法

10.7.4　通过测量绝缘性检测变压器

通过测量绝缘性检测变压器的方法如图10-70所示。

变压器的绝缘性测试是判断变压器好坏的一种好的方法。测试绝缘性时，将指针万用表的挡位调到R×10k挡。然后分别测量铁芯与初级，初级与各次级、铁芯与各次级、静电屏蔽层与初次级、次级各绕组间的电阻值。如果万用表指针均指在无穷大位置不动，说明变压器正常。否则说明变压器绝缘性能不良。

图10-70　通过测量绝缘性检测变压器的方法

10.7.5　通过检测线圈通断检测变压器

通过检测线圈通断检测变压器的方法如图10-71所示。

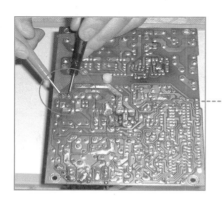

如果变压器内部线圈发生断路，变压器就会损坏。检测时，将指针万用表调到R×1挡进行测试。如果测量某个绕组的电阻值为无穷大，则说明此绕组有断路性故障。

图10-71　通过检测线圈通断检测变压器的方法

10.7.6 变压器的代换方法

变压器的代换方法如图10-72所示。

当电源变压器损坏后，可以选用铁心材料、输出功率、输出电压相同的电源变压器代换。在选择电源变压器时，要与负载电路相匹配，电源变压器应留有功率余量，输出电压应与负载电路供电部分的交流输入电压相同。

对于一般电源电路，可选用"E"型铁心电源变压器。对于高保真音频功率放大器的电源电路，则应选用"C"型变压器或环型变压器。

图10-72 变压器的代换方法

10.8 集成电路检测方法

集成电路（integrated circuit）是一种微型电子器件或部件。采用一定的工艺，把一个电路中所需的晶体管、电阻、电容和电感等元件及布线互连一起，制作在一小块或几小块半导体晶片或介质基片上，然后封装在一个管壳内，成为具有所需电路功能的微型结构。集成电路通常是一个电路中最重要的元件，它影响着整个电路的正常运行。如图10-73所示为电路中常见的集成电路。

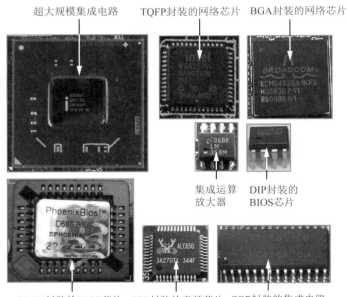

超大规模集成电路　TQFP封装的网络芯片　BGA封装的网络芯片

集成运算放大器　DIP封装的BIOS芯片

PLCC封装的BIOS芯片　QFP封装的音频芯片　SOP封装的集成电路

图10-73 电路中常见的集成电路

10.8.1　集成稳压器

集成稳压器又叫作集成稳压电路，是一种将不稳定直流电压转换成稳定的直流电压的集成电路。与用分立元件组成的稳压电源相比，集成稳压器具有稳压精度高、工作稳定可靠、外围电路简单，体积小、重量轻等显著优点。集成稳压器一般分为多端式（稳压器的外引线数目超过三个）和三端式（稳压器的外引线数目为三个）两类。图10-74所示为电路中常见的集成稳压器。

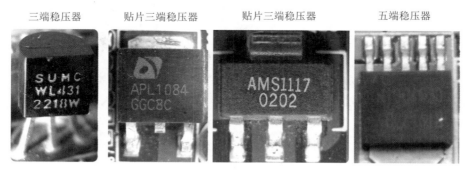

图10-74　集成稳压器

在电路图中集成稳压器常用字母"Q"表示，电路图形符号如图10-75（a）所示为多端式，图10-75（b）所示为三端式。

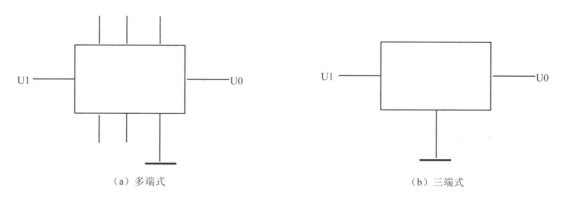

（a）多端式　　　　　　　　　　　　　　　（b）三端式

图10-75　稳压器的电路图形符号

10.8.2　集成运算放大器

集成运算放大器（Integrated Operational Amplifier，集成运放）是由多级直接耦合放大电路组成的高增益（对元器件、电路、设备或系统，其电流、电压或功率增加的程度）模拟集成电路。集成运算放大器通常结合反馈网络共同组成某种功能模块，可以进行信号放大、信号运算、信号的处理（滤波、调制）以及波形的产生和变换等功能。图10-76所示为电路中常见的集成运算放大器。

图10-76 电路中常见的集成运算放大器

在电路中集成运算放大器常用字母"U"表示，常用的电路图形符号如图10-77所示。

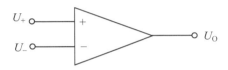

图10-77 集成运算放大器的电路图形符号

10.8.3 数字集成电路

数字集成电路是一种采用外延生长、氧化、光刻、扩散等技术，将多个晶体管、电阻、电容等元件，以及它们之间的连线集成于同一半导体芯片上而制成的数字逻辑电路或系统。数字集成电路主要作用是用来产生、放大和处理各种数字信号。

按照逻辑功能来分，数字集成电路一般可以分为组合逻辑电路和时序逻辑电路两种。其中，组合逻辑电路包括门电路、编译码器等；时序逻辑电路包括触发器、计数器、寄存器等。下面我们对这些功能进行具体讲解。

1. 门电路

用于实现基本逻辑运算和复合逻辑运算的单元电路称为门电路。门电路可以有一个或多个输入端，但只有一个输出端。只有加在输入端的各个输入信号之间满足某种逻辑关系时，才有信号输出。凡是对脉冲通路上的脉冲起着开关作用的电子线路就叫作门电路，是基本的逻辑电路。电路中的门电路主要有与门、或门、非门、与非门和或非门等。从逻辑关系看，门电路的输入端或输出端只有两种状态，无信号以"0"表示，有信号以"1"表示（有时也会用高电平或低电平来表示）。

（1）与门

与门又被称作"与电路"，是执行"与"运算的基本门电路。有两个或两个以上的输入端，只有一个输出端。只有当所有的输入信号同时为"1"时，输出端信号才为"1"，只要有一个输入信号为"0"，输出信号即为"0"。图10-78所示为与门电路图形符号。

与门的关系式为Y=AB，即只要输入端A和B中有一个为"0"时，Y即为"0"；而所有输入端均为"1"时，Y才为"1"。

（2）或门

或门又被称作"或电路"，是执行"或"运算的基本门电路。有两个或两个以上的输入端，只有一个输出端。只要输入信号中有一个为"1"，输出信号就为"1"，只有当所有的输入信号全为"0"，输出信号才为"0"。图10-79所示为或门电路图形符号。

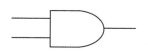

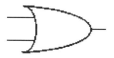

图10-78　与门电路图形符号　　　　　图10-79　或门电路图形符号

或门的关系式为Y=A+B，即只要输入端A和B中有一个为"1"时，Y即为"1"；而所有输入端A和B均为"0"时，Y才为"0"。

（3）非门

非门又称作"反相器"，是逻辑电路的重要基本单元，非门有输入和输出两个端，输出端的圆圈代表反相的意思。当其输入端为高电平时，输出端为低电平；当其输入端为低电平时，输出端为高电平。也就是说，输入端和输出端的电平状态总是反相的。图10-80所示为非门电路图形符号。

非门的关系式为$Y=\overline{A}$，即输出端Y总是与输入端A相反，当输入端为低电平时，输出端为高电平；当输入端为高电平时，输出端为低电平。

（4）与非门

与非门是数字电子技术的一种基本逻辑电路，是与门和非门的叠加，有两个或两个以上输入端只有一个输出端。与非门的电路图形符号如图10-81所示。

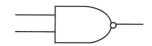

图10-80　非门电路图形符号　　　　　图10-81　与非门的电路图形符号

与非门的关系式为$Y=\overline{AB}$，即输入端A和B全部为"1"时，输出端Y为"0"；当输入端A和B有一个为"0"时，输出端为"1"。

（5）或非门

或非门是由或门和非门复合而成的门电路，或非门是一种对或取非的门电路。如果或逻辑输出为"1"，或非逻辑则变为"0"；如果或逻辑输出为"0"，或非逻辑则变为1。图10-82所示为或非门电路图形符号。

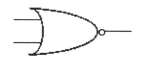

图10-82　或非门电路符号

或非门的关系式为$Y=\overline{A+B}$，即输入端A和B全部为"0"时，输出端Y为"1"；当输入端A和B有一个为"1"时，输出端为"0"。

2．译码器

译码器是一个单输入、多输出的组合逻辑电路。它将二进制代码转换成为对应信息的器件。译码器在数字系统中，有广泛的用途。译码器主要分为变量译码和显示译码两类。变量译码一般是一种较少输入变为较多输出的器件，一般分为2n译码器和8421BCD译码器两类。显示译码主要解决二进制数显示成对应的十或十六进制数的转换功能，一般可分为驱动LED和驱动LCD两类。图10-83所示为电路中常见的译码器。

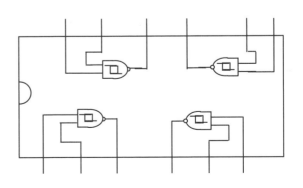

图10-83　电路中常见的译码器

3. 触发器

在各种复杂的数字电路中不但需要对二值信号进行数值运算和逻辑运算，还经常需要将运算结果保存下来，为此需要使用具有记忆功能的基本逻辑单元。能够存储一位二值信号的基本单元电路统称为触发器。触发器的执行不经由程序的调用，也不用手动启动，而是由特定事件的触发而后行使功能的。例如，对一个表进行操作时就会激活它的执行。常用的触发器型号有以下几种。

（1）RS同步触发器

RS同步触发器的工作状态不仅要由R、S端的信号来决定，同时还接有CP端用来调整触发器节拍翻转。只有在CP端上出现时钟脉冲时，触发器的状态才能变化。具有时钟脉冲控制的触发器状态的改变与时钟脉冲同步，所以称为同步触发器。图10-85所示为RS同步触发器的引脚图。

当图10-84所示电路中的CP＝0时，控制门G_3、G_4处于关闭状态，输出均为1。此时，无论R端和S端的信号如何发生改变，触发器的状态都保持不变。当CP＝1时，G_3、G_4打开，R端和S端的输入信号才可以通过这两个门，使RS触发器的状态翻转，其输出状态由R、S端的输入信号决定。

（2）斯密特触发器

斯密特触发器也称作斯密特与非门，该器件既具有普通与非门的特性，也可以接成斯密特触发器使用。如图10-85所示是CD4093型号的斯密特触发器引脚图。通过观察可知斯密特触发器内部逻辑符号和与非门的逻辑符号有些不同，多了一个特殊的标记，那是对斯密特触发器电压滞后特性的一个标明。常用它这个特性对脉冲波进行整形，使波形的上升沿或下降沿变得陡直；还可以用它来做电压幅度鉴别。在数字电路中它也是很常用的器件。

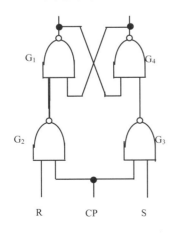

图10-84　RS同步触发器

图10-85　CD4093型号的斯密特触发器引脚图

（3）JK触发器

JK触发器是数字电路触发器中的一种电路单元。它有两个数据输入端J和K；另外还有一个时钟输入端CP，用来控制是否接受输入信号。JK触发器具有置0、置1、保持和翻转功能，在各类集成触发器中，JK触发器的功能最为齐全。在实际应用中，它不仅有很强的通用性，而且能灵活地转换其他类型的触发器。由JK触发器可以构成D触发器和T触发器。如图10-86所示为JK触发器的电路图形符号。

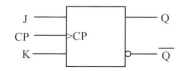

图10-86　JK触发器的电路图形符号

4. 计数器

计数器是数字系统中应用最多的时序电路，计数器是一个记忆装置，能对输入的脉冲按一定的规则进行计数，并由输出端的不同状态予以表示。不仅如此，它还可以用于分频、定时、产生节拍脉冲和脉冲序列以及进行数字运算等。图10-87所示为计数器芯片结构图。

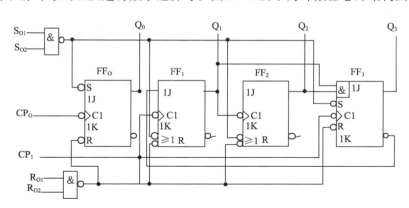

图10-87　计数器芯片结构图

5. 寄存器

数字电路中，用来存放二进制数据或代码的电路称为寄存器。寄存器是中央处理器内的重要组成部分，是有限存储容量的高速存储部件，可用来暂存指令、数据和位址。在中央处理器的算术及逻辑部件中，包含的寄存器有累加器（ACC）。而在中央处理器的控制部件中，包含的寄存器有指令寄存器（IR）和程序计数器（PC）。

10.8.4　从电路板和电路图中识别集成电路

1. 从电路板中识别集成电路

集成电路是电路中重要的元器件之一，在电路中被广泛的使用，如图10-88所示为电路中的集成电路。

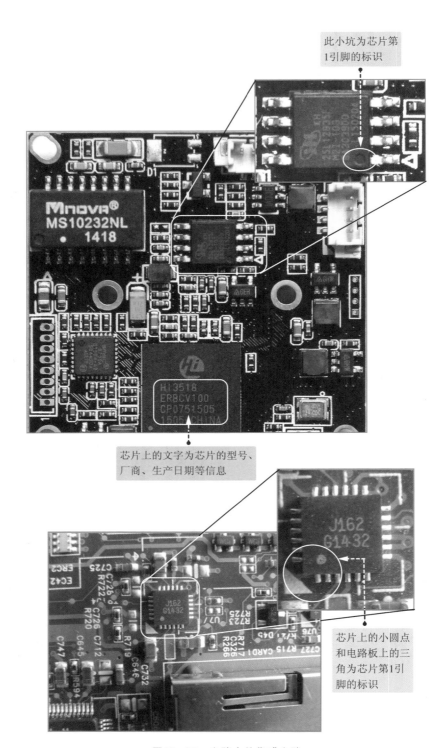

此小坑为芯片第1引脚的标识

芯片上的文字为芯片的型号、厂商、生产日期等信息

芯片上的小圆点和电路板上的三角为芯片第1引脚的标识

图10-88　电路中的集成电路

10.8.5　从电路图中识别集成电路

维修电路时，通常需要参考电器设备的电路原理图来查找问题，下面我们结合电路图来识别电路图中的集成电路。集成电路一般用"X""Y""G"等文字符号来表示。如表10-9所示为常见集成电路的电路图形符号，图10-89为电路图中的集成电路。

表10-9　常见集成电路电路符号

集成电路	多端稳压器	集成运算放大器
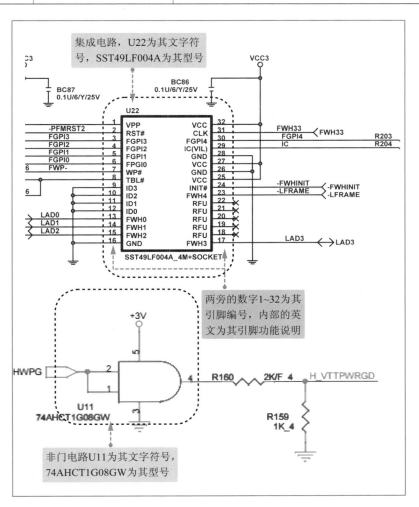		

图10-89　电路图中的集成电路

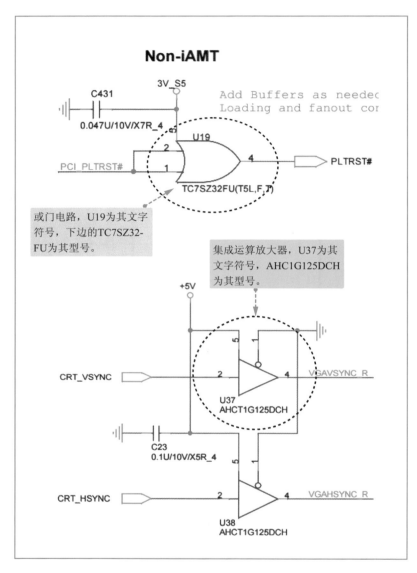

图10-89　电路图中的集成电路（续）

10.8.6　集成电路的引脚分布

在集成电路的检测、维修、替换过程中，经常需要对某些引脚进行检测。而对引脚进行检测，首先要做的就是对引脚进行正确地识别，必须结合电路图才能找到实物集成电路上相对应的引脚。无论哪种封装形式的集成电路，引脚排列都会有一定的规律，可以依靠这些规律迅速进行判断。

1. SOP封装的集成电路的引脚分布规律

SOP封装的集成电路的引脚分布规律如图10-90所示。

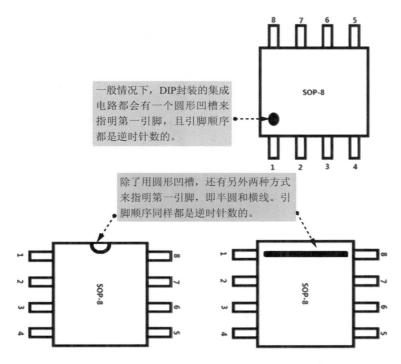

图10-90　SOP封装的集成电路的引脚分布规律

2. TQFP封装的集成电路的引脚分布规律

TQFP封装的集成电路的引脚分布规律如图10-91所示

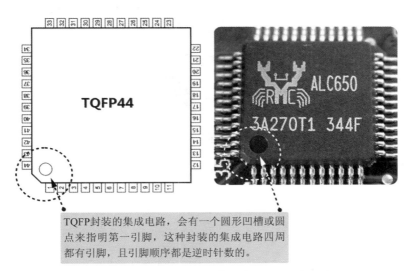

图10-91　TQFP封装的集成电路的引脚分布规律

3. BGA封装的集成电路的引脚分布规律

BGA封装的集成电路的引脚分布规律如图10-92所示。

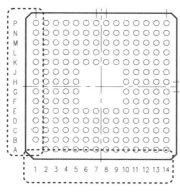

BGA封装的集成
电路，引脚编号
不是1，2，3等纯
数字编号，而是
用坐标来表示，
例如A1、A2、
A3、B1……

BGA封装的集成
电路，会有一个圆
形凹槽或圆点来
指明第一引脚，这
种封装的集成电
路引脚在底部。

图10-92　BGA封装的集成电路的引脚分布规律

10.8.7　集成电路通用检测方法

1．电压检测法

电压检测法检测集成电路的方法如图10-93所示。

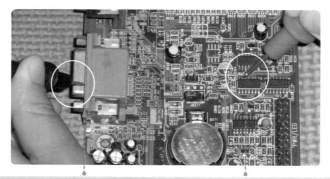

电压检测法是指通过万用表的直流电压挡来测量电路中相关针脚的工作电压，根据检测结果和标准电压值做比较来判断集成电路是否正常的检测方法。测量时集成电路应正常通电，但不能有输入信号。如果测量结果和标准电压值有很大差距，则需要进一步对外围器件进行测量，以做出合理的判断。

图10-93　电压检测法检测集成电路的方法

2．电阻检测法

电阻检测法检测集成电路的方法如图10-94所示。

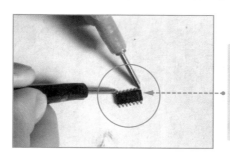

电阻检测法是一种通过检测
集成电路各个引脚与接地引
脚之间的正、反电阻值，然
后和完好的集成电路芯片进
行比较，以判断集成电路是
否正常的方法。

图10-94　电阻检测法检测集成电路的方法

3. 代换检测法

代换检测法检测集成电路的方法如图10-95所示。

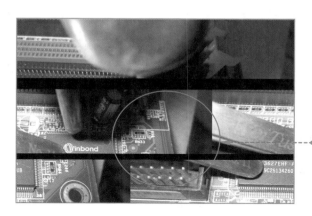

代换检测法是将原型号好的集成电路安装替换掉原先的集成电路然后进行测试。若电路故障消失，说明原集成电路有问题；若电路故障依旧，则说明故障不在此集成电路上。

图10-95 代换检测法检测集成电路的方法

10.8.8 集成稳压器的检测方法

集成稳压器主要通过测量引脚间的电阻值和稳压值来判断好坏。

（集成稳压器检测）

1. 电阻检测法

电阻检测法主要通过测量引脚间的电阻值来判断好坏，具体方法如图10-96所示。

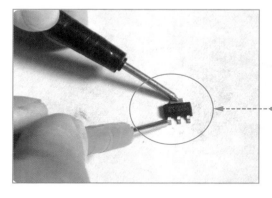

用数字万用表的二极管挡分别去测集成稳压器GND引脚（中间引脚）与其他两个引脚之间的阻值，正常情况下，应该有较小的阻值。如果阻值为零，说明集成稳压器发生断路故障；如果阻值为无穷大，说明集成稳压器发生开路故障。

图10-96 电阻检测法检测集成稳压器的方法

2. 测稳压值法

测稳压值法检测集成稳压器的方法如图10-97所示。

首先将万用表功能旋钮调到直流电压挡的"10"或"50"挡（根据集成稳压器的输出电压大小选择挡位）。然后将集成稳压器的电压输入端与接地端之间加上一个直流电压（不得高于集成电路的额定电压，以免烧毁）。

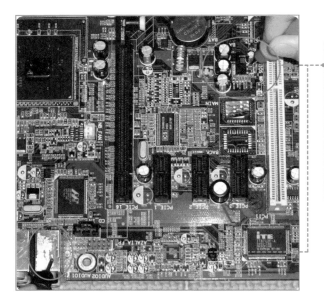

将万用表的红表笔接集成稳压器的输出端，黑表笔接地，测量集成稳压器输出的稳压值。如果测得输出的稳压值正常，证明该集成稳压器基本正常；如果测得的输出稳压值不正常，那么说明该集成稳压器已损坏。

图10-97　测稳压值法检测集成稳压器的方法

10.8.9　集成运算放大器的检测方法

集成运算放大器的检测方法如图10-98所示。

用万用表直流电压挡的"10"挡，测量集成运算放大器的输出端与负电源端之间的电压值，在静态时电压值会相对较高。

用金属镊子依次点触集成运算放大器的两个输入端，给其施加干扰信号。如果万用表的读数有较大的变动，说明该集成运算放大器是完好的；如果万用表读数没有变化，说明该集成运算放大器已经损坏。

图10-98　集成运算放大器的检测方法

10.8.10　数字集成电路的检测方法

数字集成电路的检测方法如图10-99所示。

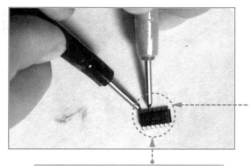

选用数字万用表的二极管挡，分别测量集成电路各引脚对地的正、反向电阻值，并测出已知正常的数字集成电路的各引脚对地间的正、反向电阻，与之进行比较。

如果测量的电阻值与正向的各电阻值基本保持一致，则该数字集成电路正常；否则说明数字集成电路已损坏。

图10-99　数字集成电路的检测方法

10.8.11　集成电路的代换方法

集成电路的代换主要分为直接代换和非直接代换两种方法：

直接代换法是指将其他集成电路不经任何改动而直接替换原来的集成电路，代换后不能影响机器的主要性能与指标。代换集成电路其功能（逻辑极性不可改变）、引脚用途、封装形式、性能指标、引脚序号和间隔等均相同。

非直接代换是指将不能进行直接代换的集成电路外围稍加修改，使外围引脚排列顺序与新的集成器件引脚排列顺序相对应，使之成为可代换的集成电路。

第 11 章
液晶彩色电视机常用维修检测方法

11.1 液晶彩色电视机维修思路

维修思路就是在进行维修工作时思维进展的线路或轨迹。有了维修思路，在进行维修时，可以较容易找到故障点排除故障。下面总结一下维修液晶电视的一般维修思路。

11.1.1 故障处理步骤

液晶彩色电视机在检修之前首先要了解其中各个单元电路之间的关系，因为液晶彩色电视机的故障部位、故障症状与整个电路系统都有着十分密切的关系。根据这种规律就可以从症状中分析和推断出故障的大致范围。图11–1所示为液晶彩色电视机的基本检修流程。

1. 了解故障的基本情况

在进行维修之前要先了解一下液晶彩色电视机的故障特点以及表现等情况，通电后查看故障机器的故障表现，先查液晶彩色电视机的按键和指示灯是否正常。看指示灯、光栅、图像、彩色是否受天气、磁场等外界因素的影响。根据上述情况就可以进行分析和检查，通过这些故障表现就可以基本断定故障部位。

此外在检修前还要了解机器的使用情况，看故障液晶彩色电视机使用前是否有突然断电、进液、碰撞等非法操作的情况，根据了解的情况进一步分析进行故障排查。

2. 进行初步检查

了解故障的基本情况后，就可以对故障进行初步检查了。打开故障液晶彩色电视机的外壳后，首先观察电路板上的元器件，查看有无烧焦、鼓包、漏液等现象。如果元器件的外观都很正常，则根据了解的基本情况来分析故障，将故障范围进行缩小。另外在分析的过程中我们还可以借助一些检测工具，例如液晶彩色电视机无法开机、电源指示灯不亮，此时我们就可以利用万用表直接测量开关电源的输出端，看输出电压是否正常，如果不正常，基本可以断定开关电源电路部分出现故障。

要想迅速地分析和推断故障现象，必须对液晶彩色电视机的结构和工作原理有一定的了解，熟悉各种电路的基本功能和在显示器中的位置。

3. 确定故障部位

推断出故障的大体范围之后，就需要缩小故障的范围，寻找故障点。在这个过程中，需要借助检测和试验等辅助手段。

一般情况下，故障部位的确定有静态测量和动态测量两种方法。静态测量是指在工作时测量电路的直流电压。因为电路元器件发生故障会引起电压值的变化，测量后根据测量结果对照电路图纸和资料上提供的正确参数即可发现故障线索。这种方法比较简单，使用万用表就可以做到。

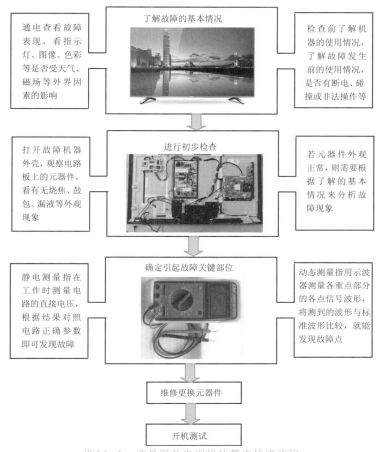

图11-1 液晶彩色电视机的基本检修流程

动态测量是指显示器处于正常工作状态，使计算机主机输出图像信号，测量电路部分各点的信号波形。将示波器观测到的波形同图纸、资料上提供的标准波形进行比较，即可找到故障点。一级一级地检查即可发现故障。找到故障点也就很容易找到有故障的元器件了。有时一个故障可能与几个元器件有关，难于确认究竟是哪一个，这种情况可以用试探法、代替法分别试验元器件。如怀疑某个集成电路有故障时，应先检查该集成电路外围元器件及其供电电压。外围电路中的某个元器件不良或供电不正常也会使集成电路不能正常工作。在证实外围元器件及供电无问题后，才可以拆下集成电路检查。

4. 维修更换故障元器件

确定找到故障元器件后，就需要对元器件进行维修或更换。更换电路元器件时，需要先关掉电源开关，注意不要使用漏电的电烙铁。使用电烙铁和吸锡器对元器件进行拆卸，更换时需要先对焊盘进行清洁，重焊时要出去氧化层、挂锡、焊牢，焊接时间不要太长，以免烫坏印制板。

焊接完后要注意清洁板面,不要存留腐蚀性物质。更换的元器件要与损坏的元器件型号规格相同。

11.1.2 液晶彩色电视机的基本维修原则

液晶彩色电视机的电路板集成度和部件的精密度都很高,检修的方法与思路将直接影响检修故障的效率。为了能有效、快速地解决问题,减少隐形故障的发生,下面介绍一下液晶彩色电视机的维修基本原则。如图11-2所示。

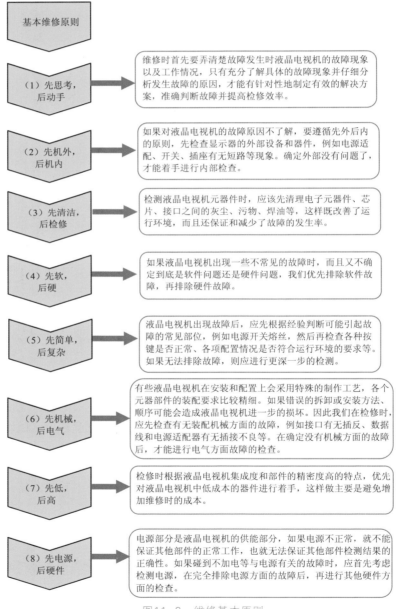

图11-2 维修基本原则

11.2 液晶彩色电视机故障维修常用方法

　　液晶彩色电视机的故障现象，种类繁多，但在修理时，只要诊断方法正确得当，思路清晰，是不难排除故障的。下面介绍维修时常用的方法。

11.2.1 观察法

　　观察法就是通过人的视觉、嗅觉和听觉等方式来检查液晶彩色电视机比较明显的故障。如保险管是否变黑，电解电容是否鼓包、漏液，大功率电阻是否有烧焦的痕迹，电路板焊点是否有明显虚焊，各电路板之间的连接线接口是否连接不良等；另外，当内部电路存在短路现象把有些元器件烧焦并发出烧焦味或冒烟现象，甚至有些器件发出异常的声响等。如图11-3所示为通过观察法发现的故障。

电容鼓包　　　　烧焦的元器件

图11-3　通过观察法发现的故障

11.2.2 直观检查法

　　直观检查法是指从液晶显示屏直接观察到（比如花屏、白屏、显示颜色问题）当显示器出现故障现象，或在显示器外部或内部直接观察不正常的现象。直观检查法主要包括外部检查、内部检查和通电检查三种。

　　（1）外部检查：

　　外部检查就是针对液晶彩色电视机外部器件的检查，例如根据液晶彩色电视机的工作方式检查操作面板上的按键和开关是否正常，检查市电连接电源连线是否接好，检查视频信号线是否连接正常等。

　　（2）内部检查：

　　内部检查就是对液晶彩色电视机内部电路进行检查，通常是在外部检查没有发现异常的情况下，对液晶彩色电视机进行拆卸，检查内部电路。检查时，主要是观察电路中的元器件是否有鼓包、漏液的情况、元器件的焊点、连接导线有无虚焊、脱焊、引脚有无霉断、插件是否松脱、印制电路板电路线条有无断裂，元器件有无烧焦、爆裂等现象。

　　（3）通电检查：

　　在对液晶彩色电视机进行内部检修完毕后，为了测试检修是否成功，需要对液晶彩色电视机进行加电测试，此时需要观察电源指示灯是否点亮，机内有无打火、发热、焦味及冒烟现象，液晶彩色电视机能否正常工作。

11.2.3 触摸法

　　触摸法是维修者用手感知电路中主要元器件温度的情况来判断故障的一种方法。具体操作方法是先让液晶彩色电视机开机一段时间，然后拔掉电源插头，用手直接触摸主要元器件的温度，通过手感知的温度高低来判断分析故障，在用手感知温度的过程中如果大功率器件（如大功率开关管、整流管、大规模集成电路等）不发热，说明该器件没工作或已损坏；如果用手感知的温度很高（烫手）说明该器件负载过重，流过其的电流很大，电路很有可能存在短路现象。

11.2.4 比较法和代换法

（1）比较法

比较法是指用一台同型号且正常的液晶彩色电视机与一台故障机进行同部位的测量比较，根据比较结果来分析和判断故障。具体操作是让故障机和同型号的液晶彩色电视机在同一种工作状态下工作，分别通过测量同部位的电压、电流、电阻或信号波形来进行比较，通过比较后的结果来分析和判断故障所在的范围或故障点。

（2）代换法

代换法是指对液晶彩色电视机可能会出现的故障部位或元器件进行代换，从而达到解决故障的一种方法。

11.2.5 万用表测试法

万用表测试法就是利用万用表测量电路中的电压、电流或电阻，通过测量结果来分析故障，这是一种适用范围很广的检查方法。

（1）电阻检测法

电阻检测法是维修液晶彩色电视机的基本方法，它是液晶彩色电视机在断电的状态下，用万用表测量电路的对地电阻值和测量元器件本身的电阻，根据测量出来的电阻值来判断集成电路芯片和元器件的好坏，以及判断负载电路是否有严重短路和开路的情况。如图11-4所示为测量元器件的对地阻值。

图11-4 测量元器件对地阻值

（2）电压检测法

电压检测法是最常用的一种检修方法，它是通过测量电路和元器件的工作电压值来判断和分析故障。一般是在液晶彩色电视机通电状态下用万用表的电压档测量关键点得电压值是否正常，从而推断故障所在的范围。如图11-5所示这万用表测量元器件电压值。

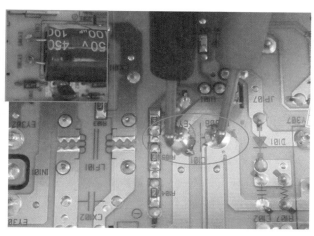

图11-5 万用表测量元器件电压值

（3）电流法

电流法一般用来检查电源电路的负载电流，目的是为了检查、判断负载中是否存在短路、漏电及开路故障，同时也可以判断故障在负载还是在电源。测量电流的常规做法是要切断电流回路，串入电流表。

11.2.6 波形检测法

波形检测法是用示波器检测液晶彩色电视机在通电状态下的各关键点的信号波形，再将显示的波形与电路信号正常波形相比较来分析和判断故障。如果检测到关键点无信号波形，说明该电路没工作；如果检测出来的波形和实际波形不一样，则说明该电路元器件存在性能异常现象。如图11-6所示为示波器在液晶彩色电视机维修中的应用。

图11-6 示波器在液晶彩色电视机维修中的应用

11.2.7　拆除法

液晶彩色电视机的元器件有些是起辅助性作用的，如减少干扰、实现电路调节等作用的元器件。这些元器件损坏后，不但起不到辅助性功能的作用，而且会严重影响电路的正常工作，甚至导致整个电路不能工作。如果将这些元器件拆除，暂留空位，液晶彩色电视机可马上恢复工作。在缺少代换元器件的情况下，这种"应急拆除法"也是一种常用的维修方法。

采用拆除法可能使液晶彩色电视机某一辅助性功能失去作用，但不影响大局。当然不是所有的元器件损坏后都能使用这种方法。这种方法仅适用于某些滤波电容器、旁路电容器、保护二极管、补偿电阻等元器件击穿后的应急维修。例如，液晶彩色电视机电源输入端常接一个高频滤波电容（又称低通滤波电容），电容击穿后导致电流增大，熔丝烧断。如果将它拆掉，电源的高频成分还可以被其他电容旁路，故基本上不影响液晶彩色电视机正常工作。

11.2.8　替换法

替换法是用好的元器件去替换可能有故障的元器件，以找出发生故障的元器件的一种维修方法（好的元器件最好与可能有故障的元器件是同型号的）。首先应检查与可能有故障的元器件相连接的线路是否有问题，然后检查其供电是否正常，接着替换可能有故障的元器件，最后替换与之相关的其他元器件，替换时按先简单后复杂的顺序进行。

11.2.9　短路法

短路法主要是用来模拟三极管的饱和与截止而采取的一种方法。具体测量方法为：用镊子将三极管的BE结短路，三极管因BE结短路必然截止。在某些电路中也可以将三极管的CE结短路，模拟三极管的饱和，这种操作要求对电路熟悉。在开关电源电路中，尽量不要采用该方法，因为电源开关管的CE结是万万不能短路的。

11.2.10　参数测量法

参数测量法是指应用指针万用表或数字万用表测量元器件电压、电阻和电流参数值，然后与维修手册中的标准参数值进行比较分析，从而找到故障元器件。采用此方法维修，需要准备显示器的维修手册。用电压法和电阻法测量电路状态电压和在路电阻，不同型号的万用表测量的读数是不一样的，这是表头内阻不同的缘故。为了避免测量读数误差造成比较分析错误，最好采用同型号的万用表测量。

11.2.11　清洗补焊法

清洗补焊法先用无水酒精对显示器的电路板等进行清洗，去除电路板中的灰尘、污渍、霉斑、锈斑等物质后，再对显示器中可能被腐蚀或接触不良的地方进行补焊。因为显示器在潮湿、灰尘、高温等环境下，会导致内部电路发生短路或形成具有一定阻值的导体，从而破坏电路的正常工作。（注意：在清洗完电路板等器件后，要用热风吹干电路板，然后才可安装进行测试。

11.2.12　人工干预法

人工干预法主要是在液晶彩色电视机出现软故障时，采取加热、冷却、振动和干扰的方法，使故障尽快暴露出来。

（1）加热法

加热法适用于检查故障在加电后较长时间（如1～2h）才产生或故障随季节变化的液晶彩色电视机，其优点主要是可明显缩短维修时间，迅速排除故障。常用电吹风和电烙铁对所怀疑的元器件进行加热，迫使其迅速升温，若随之故障出现，便可判断其热稳定性不良。由于电吹风吹出的热风面积较大，通常只用于对大范围的电路进行加热，对具体元器件加热则用电烙铁。

（2）冷却法

通常用酒精棉球敷贴于被怀疑的元器件外壳上，迫使其散热降温，若故障随之消除或减轻，便可断定该元器件散热失效。

（3）振动法

振动法是检查虚焊、开焊等接触不良引起的软故障的最有效方法之一。通过直观检测后，若怀疑某电路有接触不良的故障时，即可采用振动或拍打的方法来检查，利用螺丝刀的手柄敲击电路，或者用手按压电路板、搬动被怀疑的元器件，便可发现虚焊、脱焊以及印制电路板断裂、接插件接触不良等故障的位置。

11.2.13　假负载法

所谓假负载，就是在脱开负载电路，在开关电源输出端加上假负载进行测试。这样一方面可以区分故障是在负载电路还是在电源电路，另一方面因为开关管在截止期间，储存在开关变压器初级绕组的能量要二次释放，接上假负载可以消耗释放的能量。否则极易导致开关管被击穿。假负载一般选择30~60W/12V的灯泡，这样可以方便直观地根据灯泡的发光与否、发光的亮度是否有电压输出及输出电压的高低判断故障。

使用假负载维修时，场效应管的控制栅极不能悬空，可以断开源极供电或干脆将其拆下，待修复之后再装上，也可以用一小截导线将控制极与漏极连起来。

此外，还有诸如温升法、对比法等，不再一一细说。向用户询问显示器的使用过程、故障发生的时间及现象也是必不可少的。

11.2.14　串联灯泡法

串联灯泡法是指将一个60W/220V的灯泡串接在开关电源电路板的熔断器的两端，然后通过灯泡亮度判断故障的方法。

当给串入灯泡的开关电源电路板通电后，由于灯泡有大约500Ω的阻值，可以起到一定的限流作用，不至于立即使电路板中有短路的电路元器件烧坏。如果灯泡很亮，说明开关电源电路板有短路现象。接下来根据判断排除短路故障，排除时根据灯泡的亮度判断故障位置，如果故障排除，灯泡的亮度会变暗。最后再更换熔断器就可以了。

第 12 章
液晶彩色电视机故障测试点

12.1 熔断器关键测试点

（测电源板熔断器）

在主开关电源电路中，熔断器故障率是比较高的，在检测其他元器件之前应先检测熔断器是否被损坏，我们可以利用万用表对熔断器的阻值进行测量，通过阻值大小来判断熔断器是否损坏，操作方法如图12-1所示。

如果实际测得熔断器的阻值比标注阻值小，考虑测量时可能有接触电阻存在，属于正常值。如果测得数值为无穷大，则说明熔丝被烧坏。此时应该进一步检查电路，否则即使更换新的熔断器后，还有可能被烧坏。

在有些液晶彩色电视机的主开关电源电路中，熔断器是透明状的，通过外观的检查一般可以直接看出熔丝是否断开。常见的观察熔断器故障现象为：

（1）熔断器内部的熔丝有一处熔断

首先我们对熔断器就进行观察，通过观察我们发现熔断器表面清晰透明，而熔丝有一处熔断，判断出现这种情况的原因主要是频繁的开关机或工作环境温度大低引起的，从而导致熔断器熔断。此时可以直接更换同型号的熔断器。

① 用数字万用表的二极管挡将红表笔接熔断器的一只引脚。

② 将黑表笔接熔断器的另一只引脚测量两脚之间的阻值

③ 测量的阻值

图12-1 熔断器的检测

（2）熔断器表面有污物而且熔丝熔断

如果观察到熔断器表面有黄黑色污物，而且能够看清内部熔丝的熔断形状，通常是由于开关晶体管和开关集成电路被击穿所致。

（3）熔断器裂开且内部模糊不清

这种情况一般是由于桥式整流堆击穿或310V滤波电容击穿短路引起的。

（4）熔断器严重炸裂

这种情况一般不常出现，大多数是电源直接短路造成的，需要对整流前的电路仔细检查。

12.2 310V滤波电容关键测试点

（测电源板电容电压）

在桥式整流滤波电路中的310V滤波电容发生故障的概率比较高，下面通过万用表的电压挡在路测量滤波电容的工作电压，看电容器的工作电压是否正常，以此来判断电容器是否正常。

（1）观察电源电路中的滤波电容，看待测电容器是否鼓包、漏液、有无烧焦、针脚断裂或虚焊等情况。如果有，则说明电容器损坏。

（2）如果待测电容器外观没有问题，接下来先清洁电容器的引脚。清洁完成后，准备测量薄膜电容器。根据待测薄膜电容器在电路中的工作电压进行调挡。如图12-2所示。

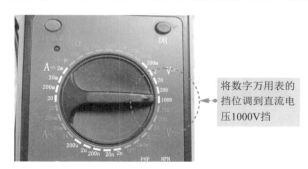

将数字万用表的挡位调到直流电压1000V挡

图12-2 调整万用表

（3）再将电源板接上电源，在通电状态下，用万用表的两个表笔分别接电解电容器的两个引脚（需要在电路板背面测），如图12-3所示。此时可测得待测直流电压值为308V。

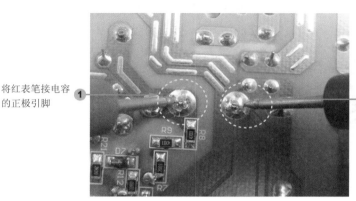

将红表笔接电容的正极引脚

将黑表笔接电容的负极引脚。测量两脚之间的电压。

图12-3 测量电容器

（4）由于检测到该薄膜电容的电压为308V（与310V非常接近），因此判断此电容正常。如果检测时所测得的电压值很小或趋近于0V，则可以判断该滤波电容已被击穿。

12.3 桥式整流堆关键测试点

桥式整流堆的作用是将220V电压整流出+310V的直流电压，当它出现故障时直流电压输入就会出现不正常。此时需要对桥式整流堆进行检测。

（1）桥式整流堆电压测试点

桥式整流堆共有4个引脚，在通电的情况下，首先对直流电压的两个引脚进行检测，将万用表调挡至"直流"挡，红色表笔接正极，黑色表笔接负极，正常测出的直流电压约为310V，具体操作如图12-4所示。

将黑表笔接整流堆的负极引脚。测量两脚之间的电压。 ②

① 用数字万用表的直流电压1000V挡，将红表笔接整流堆的正极引脚。

图12-4 检测桥式整流堆的直流电压

将万用表调挡至"交流"挡，检测桥式整流堆中间两个引脚的电压，正确的测量数值应该为220V，检测方法如图12-5所示。

用数字万用表的交流电压750V挡，将黑表笔接整流堆的中间引脚。 ①

② 将红表笔接整流堆的中间引脚。测量两脚之间的电压。

图12-5 检测桥式整流堆的交流电压

如果测得的桥式整流堆的电压均正常，说明桥式整流堆正常；如果测得桥式整流堆的电压有一处不正常，需要检测桥式整流堆是否损坏，或者检测熔断器和滤波电容是否正常。

（2）桥式整流堆电阻测试点

对桥式整流堆电阻的检测可以在电路板上直接检测，也可以将桥式整流堆直接取下来进行检测。

先在电路板上检测，将万用表的红、黑表笔任意搭在桥式整流堆中间的两个引脚上，此时的阻值是无穷大。然后将红表笔和黑表笔对调，再分别搭在桥式整流堆中间的两个引脚上，对调后检测的阻值也为无穷大。操作方法如图12-6所示。

用数字万用表的二极管挡将红表笔接整流堆的中间引脚

将黑表笔接整流堆的中间引脚。测量两脚之间的阻值。

用数字万用表的二极管挡将红黑表笔对调测量接整流堆的中间引脚的阻值

图12-6　电路板上检测桥式整流堆的阻值

下面我们再来检测桥式整流堆的直流输出端，将黑表笔连接桥式整流堆正的直流输出端，红表笔接桥式整流堆负的直流输出端，万用表显示的反向阻抗为无穷大。

再将红、黑表笔对调一下，再分别搭在桥式整流堆两侧的引脚上，此时万用表显示的阻抗为150kW左右。该阻抗是桥式整流堆直流输出端的正向阻抗，即测得该阻抗时，万用表的黑表笔应该接在桥式整流堆直流输出端的负端上，红表笔接在正端上。

有时候为了保证测量结果的可靠性，需要将桥式整流堆从电路板上取下来进行测量，如图12-7所示为桥式整流堆的实物图。

测量时将黑表笔接在负端，红表笔接在正端，这时万用表

负极　正极

图12-7　整流堆的引脚

显示的正向阻抗为150kΩ左右。将红、黑表笔对调一下，再对桥式整流堆的直流输出端进行检测，测得反向阻抗为无穷大，如果测得任意两个引脚之间的阻抗非常小，就表明该桥式整流堆已经被击穿损坏，需要将其更换。

12.4 开关管关键测试点

（测电源板开关管）

开关管损坏将导致无电压输出的故障，开关管的好坏，可以通过测量开关管各个引脚的阻值来判断。测量时，将数字万用表拨到二极管挡（蜂鸣挡），然后将开关管的三只引脚短接放电。接着用两只表笔分别接触开关管三只引脚中的两只，测量三组数据。如果其中两组数据为1，另一组数据在300~800之间，说明开关管正常；如果其中有一组数据为0，则说明开关管被击穿。如图12-8所示。

用数字万用表的二极管挡将黑表笔接开关管的一只引脚。

将红表笔接开关管的一只引脚。测量两脚之间的阻值

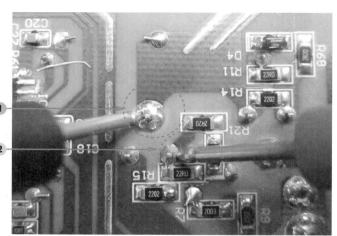

测量的结果为532

图12-8 检测开关管

12.5 光电耦合器关键测试点

（测电源板光耦）

光电耦合器是否出现故障，可以按照内部二极管和三极管的正反向电阻来确定。如果需要使用万用表进行检测可以参照下面的方法。如图12-9所示为光电耦合器内部结构图。

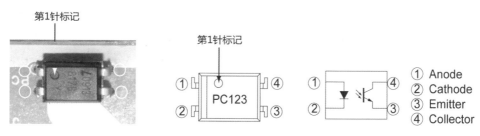

图12-9　光电耦合器内部结构图

（1）首先将万用表进行调挡，调挡至R×1k电阻挡。

（2）两只表笔分别接在光电耦合器的输出端第3、4引脚，然后用一节1.5V的电池与另一只50～100Ω的电阻串接。如图12-10所示。

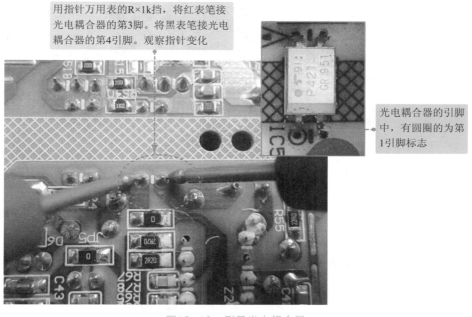

用指针万用表的R×1k挡，将红表笔接光电耦合器的第3脚。将黑表笔接光电耦合器的第4引脚。观察指针变化

光电耦合器的引脚中，有圆圈的为第1引脚标志

图12-10　测量光电耦合器

（3）串接完成后，电池的正端接光电耦合器的第1引脚，负极接第2引脚，这时观察输出端万用表指针的偏转情况。

（4）如果指针摆动，说明光电耦合器是好的，如果不摆动说明已经损坏。万用表指针摆动偏转角度越大，说明光电转换灵敏度越高。

12.6 高频调谐器关键测试点

在实际检测中，液晶彩色电视机的高频调谐器损坏较多，其主要原因是30V调谐电压的倍压整流电路故障损坏，导致脉冲较高，最终损坏高频调谐器。因此高频调谐器的电源电压检测是故障检测的重点之一。另外，I²C总线是控制高频调谐器的关键，其信号不正常后，会导致液晶彩色电视机无声、无图像故障。对于一体化高频调谐器，由于其已经包含中频电路，可以直接输出视频信号和第二伴音信号，因此在检测时，需要对这部分信号波形进行检测。其中电视信号的波形为幅度约1V峰峰值，而第二伴音信号波形为类似正弦波的波形，幅度大约为0.85V。

高频调谐器故障测试点：

（1）首先检测射频信号输入接头是否正常，如果正常，接着测量高频调谐器的+5V电源电压，如图12-11所示。

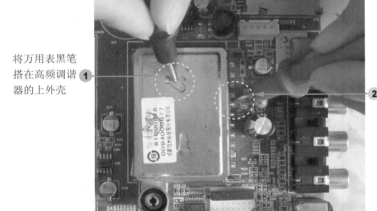

将万用表黑笔搭在高频调谐器的上外壳 ①

② 将红笔搭在高频调谐器的第7引脚

图12-11 测量高频调谐器的电源电压

（2）高频调谐器电源电压不正常的情况下，测量供电引脚外接元器件。如图12-12所示。

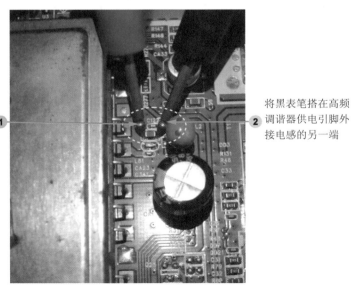

将万用表红笔搭在高频调谐器供电引脚外接电感的一端 ①

② 将黑表笔搭在高频调谐器供电引脚外接电感的另一端

图12-12 测量电压引脚外接元器件

（3）测量高频调谐器输出的中频信号（用示波器测量），如图12-13所示。如果不正常，再测量I²C总线信号。

将示波器的探头搭在高频调谐器的第11引脚（中频信号输出引脚），测量其波形

图12-13　测量高频调谐器输出的中频信号

（4）测量高频调谐器的I²C总线信号（用示波器），如图12-14所示。如果I²C总线信号不正常，接着测量其连接的外接元器件好坏。

将示波器的探头搭在高频调谐器的第4引脚（I²C时钟信号输入引脚），测量其波形

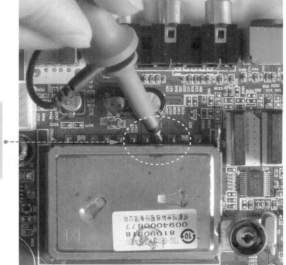

图12-14　测量高频调谐器的I²C总线信号

将示波器的探头搭在高频调谐器的第5引脚（I²C数据信号输入引脚），测量其波形

图12-14　测量高频调谐器的I²C总线信号（续）

（5）测量I²C总线外接的元器件是否损坏，如图12-15所示。

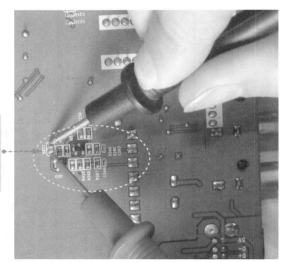

将万用表黑表笔接电容元器件的一端，将红表笔接电容元器件的另一端，测量其是否短路

图12-15　测量I²C总线引脚外接的元器件

（6）如果电源电压正常，I²C信号正常，射频信号输入正常，则是高频调谐器损坏，直接更换即可。

12.7　时钟信号关键测试点

时钟信号不正常，通常会造成液晶彩色电视机无法开机、工作不稳定、死机等故障，一般造成时钟信号故障的原因主要是：

（1）晶振虚焊。

（2）晶振损坏。

（3）谐振电容虚焊。

（4）谐振电容损坏。

（5）时钟芯片旁边的限流电阻损坏。

（6）时钟电路中的振荡器损坏。

在实际的电路维修过程中，发现时钟电路中的晶振和谐振电容容易出现虚焊或损坏，特别是晶振，在受到较大的振动后，很容易损坏。因此在检查时应重点检查晶振和谐振电容。

时钟信号测试方法如下。

（1）首先观察晶振的焊点有无虚焊，如果有虚焊，将晶振重新焊好。如图12-16所示为引脚虚焊的情况。

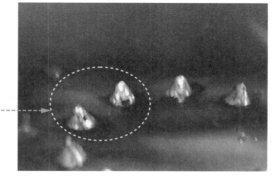

比较隐形的虚焊情况，需要仔细观察

图12-16 虚焊的情况

（2）接着测量主处理芯片时钟信号引脚的波形，如图12-17所示。

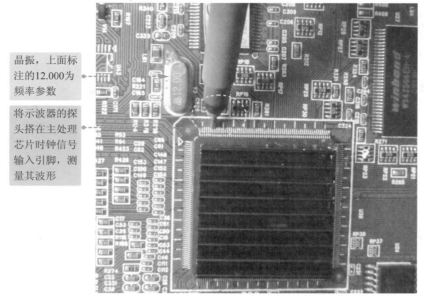

晶振，上面标注的12.000为频率参数

将示波器的探头搭在主处理芯片时钟信号输入引脚，测量其波形

图12-17 测量时钟信号

（3）如果时钟信号不正常，用万用表测量晶振两只引脚之间的阻值。如图12-18所示。

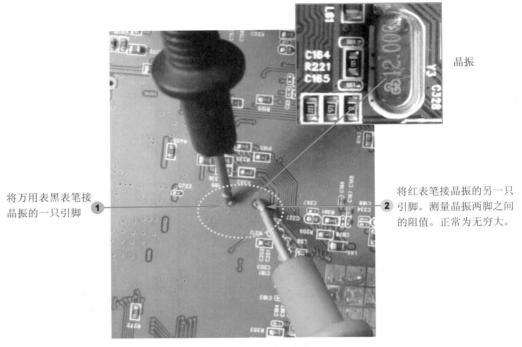

图12-18　测量晶振

将万用表黑表笔接
晶振的一只引脚

将红表笔接晶振的另一只
引脚。测量晶振两脚之间
的阻值。正常为无穷大。

晶振

（4）如果测量的阻值为无穷大，则晶振正常。否则说明晶振有问题，更换即可。如果晶振正常，接着测量谐振电容。如图12-19所示。

用万用表二极管挡
测量，将黑表笔接
谐振电容一端。将
红表笔接谐振电容
另一端

图12-19　测量谐振电容

（5）如果晶振，谐振电容均正常，则可能是主处理芯片中的振荡器损坏，更换主处理芯片即可。

12.8　复位信号关键测试点

复位信号是微处理器电路开始工作的必备条件之一，由复位电路提供。如果复位信号不正常，就会导致无法开机的故障。

复位信号不正常，主要可以检测复位芯片、充电电容、电阻、供电电压等。复位电路的检测方法如下：

（1）首先在按下开机键瞬间，测量主处理芯片复位引脚的电压，看是否有1.6V到0V的电压变化。如果有，则说明复位信号正常。如图12-20所示。

小知识：

检测贴片电容器

对于万用表而言，即使是有电容测量工能的数字万用表也无法对引脚比较短的贴片电容器的容量进行检测，因此使用万用表的欧姆挡对其进行粗略的测量。选择数字万用表的二级管挡，将红黑表笔分别接在电容器的两极（对于无极性的电容器两表笔接法上没有要求，如果是极性电容器需将红表笔接正极黑表笔接负极）交换表笔再测一次。在两次测量的过程中，数字表均先有一个闪动的数值，而后变为1。即阻值为无穷大，因此该电容器基本正常。如果用上述方法检测，万用表始终显示一个固定的阻值，说明电容器存在漏电现象。

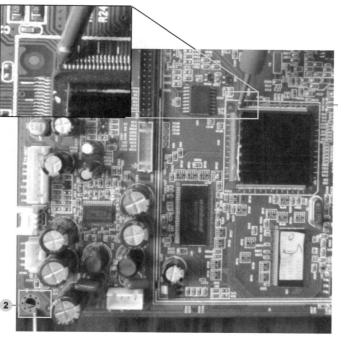

用万用表的电压挡20V量程测量，将红表笔接主处理芯片复位引脚。①

再将黑表笔接电路板的接地端，或主处理芯片的接地引脚。②

图12-20　测量主处理芯片复位信号

（2）如果没有复位信号，接着检测复位电路供电电压是否正常。如图12-21所示。

用万用表的电压挡20V
量程测量，将黑表笔接
电路板的接地端。

将红表笔接复位电
路的供电端，测量
3.3V供电电压。

图12-21　测量复位电路供电电压

（3）若供电电压正常，再检测复位电路中的充电电容是否短路损坏。如图12-22所示。

用数字万用表二极
管挡测量，将红表
笔接复位电路中的
电容的一端。将黑
表笔接复位电路中
的电容的另一端

图12-22　测量充电电容好坏

（4）接着检测复位电路中的二极管是否正常。正常情况二极管的正向阻值为0，反向阻值
为无穷大，测量时，正反向电阻都要测量，如图12-23所示。

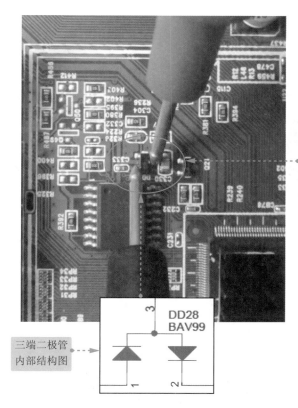

用数字万用表二极管挡测量，将红表笔接三端二极管第3脚。将黑表笔接三端二极管第2引脚，测量二极管正向阻值

三端二极管内部结构图

图12-23 测量三端二极管好坏

（5）如果复位电路采用的是复位芯片，则要测量复位芯片的输入端电压是否正常，输出端电压信号是否正常，如果输入电压正常，输出端电压信号不正常，且周边元器件正常，则是复位芯片损坏。

12.9 存储器芯片关键测试点

存储器芯片是主处理电路中非常重要的一个芯片，主要用于存储开机程序、用户数据及图像等。其出现故障后，会引起液晶彩色电视机出现不能存储电视节目，图像显示不正常，无法正常开机等故障现象。

在检测存储器电路故障时，主要检测存储器的供电电压，I^2C总线信号，上拉电阻，外接电阻等元器件是否正常。

存储器电路的检测方法如下：

（1）首先测量存储器芯片的供电电压是否正常，不正常检测供电电路，如图12-24所示。

（2）首先检测I^2C总线信号是否正常。正常的波形幅度为3V左右，如图12-25所示。

（3）检测I^2C总线中的上拉电阻是否损坏，上拉电阻连接的供电电压是否正常。如图12-26所示。

用万用表的电压挡20V量程，将红表笔接存储器的供电端（8脚）。①

② 将黑表笔接存储器的接地脚（4脚）

图12-24　测量供电电压

将示波器探头搭在存储器芯片的I²C总线引脚（第6引脚），测量波形是否正常

数据存储器

芯片上小凹点及电路板上三角是第1引脚标志

图12-25　测量I²C总线信号

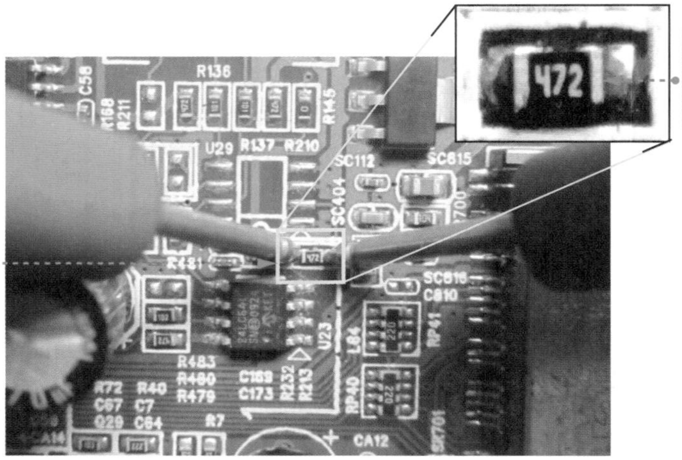

电阻上面的标注为其阻值参数，472表示4.7kΩ

用万用表的欧姆挡20k量程，将红表笔接上拉电阻的一端。将黑表笔接上拉电阻的一端

图12-26　测量上拉电阻

（4）检测存储器芯片数据引脚外接电阻或排电阻是否正常。如图12-27所示。

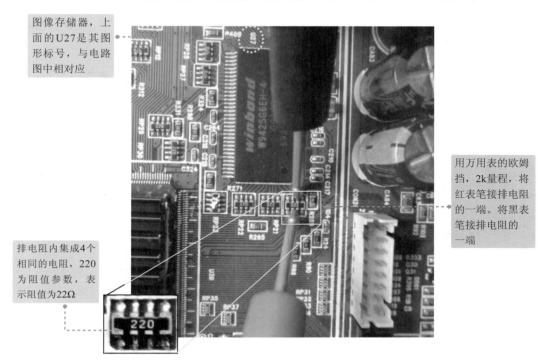

图像存储器，上面的U27是其图形标号，与电路图中相对应

用万用表的欧姆挡，2k量程，将红表笔接排电阻的一端。将黑表笔接排电阻的一端

排电阻内集成4个相同的电阻，220为阻值参数，表示阻值为22Ω

图12-27　测量数据引脚连接的电阻

（5）如果上述都正常，可能是存储器芯片虚焊或损坏。可以进行加焊或更换处理。

第 13 章

液晶彩色电视机常见故障维修方法

13.1　液晶彩色电视机电源部分故障维修方法

　　液晶彩色电视机的故障有很大一部分都是由电源部分故障引起的，通常在检测液晶彩色电视机故障时，都会首先检测其电源供电电压是否正常。下面总结一下电源部分故障维修检测方法。

13.1.1　电源开关管被击穿损坏的检修方法

　　一般情况下，开关管击穿短路，往往连带损坏PWM控制芯片及过流保护取样电阻等。在维修过程中，由于措施不当，还会再次发生损坏。下面分析开关管击穿故障维修方法。

　　1. 电源开关管击穿故障原因分析

　　发现开关管击穿后，先不要急于更换，要先查清原因。造成开关管击穿损坏的原因有以下几方面。

　　（1）稳压控制回路有开路性故障。

　　（2）尖峰吸收电路发生故障。

　　（3）交流供电过高，滤波电容失容。

　　2. 开关管被击穿故障检修方法

　　开关管被击穿故障检修方法如下：

　　（1）首先拆下开关管，然后静态检查有无明显短路故障元件，若有予以更换。

（输出电压偏低）　　　　（输出电压偏高）

　　（2）接下来在不加电的情况下，通过电阻法对稳压控制电路元件逐一进行检查，并更换损坏的元件。对主要元件不能放过。如果大意，可能会再次发生击穿开关管的事故。如图13–1所示。

　　（3）然后用电阻法检查电压输出端对地电阻，如果对地阻值为0或很小，则负载有短路故障。如果对地阻值正常，则检查过流保护取样电阻是否正常；检查尖峰吸收电路元件是否正常。如图13–2所示。

　　（4）当完成以上检查并更换损坏元器件后，在不装开关管的情况下进行通电试机。确认电源管理芯片有波动电压输出后，才可以装上开关管。

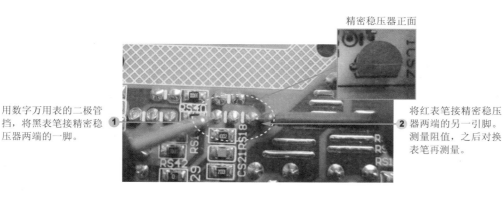

精密稳压器正面

用数字万用表的二极管挡，将黑表笔接精密稳压器两端的一脚。

将红表笔接精密稳压器两端的另一引脚。测量阻值，之后对换表笔再测量。

图13-1　检测精密稳压器

用数字万用表的二极管挡将黑表笔接电压输出引脚

将红表笔接地。测量输出端的对地电阻。

图13-2　测量输出端引脚对地阻值

（5）接下来加电检查310V电压是否正常，不正常检查整流滤波电路。如果正常，接着检查电源管理芯片、启动电阻、滤波电容、稳压二极管等元器件。 如图13-3所示。

用数字万用表欧姆挡的2M挡测量，将黑表笔接电阻器的一端。

将红表笔电阻器的另一端，测量阻值是否正常。

图13-3　检测启动电阻

（6）接着检查开关变压器次级有无短路元件，如果没有，接上假负载。然后将稳压电源输出电压调到80～100V，用稳压电源给显示器供电。并检查开关电源输出电压是否正常，若还不正常，重复以上检查。

（7）当开关电源工作后，检查输出电压是否正常。逐渐调高交流输入电压，检查开关电源输出电压是否稳定。如果不稳定检查稳压电路；若输入电压在140～240V之间变化，输出直流电压能稳定不变，表明开关电源修好了。

提示：

假负载检修法是对电源进行保护性检修的一种方法，尤其是当电源输出电压过高，为防止过高电压对负载造成损坏尤为重要。其方法为：脱开各直流电压输出端与负载的连接，在主电压整流滤波电容C855两端接入一个220V/60W灯泡（如用300Ω/50W电阻更好）。

13.1.2　开关电源电路无电压输出故障维修方法

如果液晶彩色电视机无法开机，应先检测副开关电源电路输出的5V待机电压是否正常，如果5V待机电压正常，则应该是系统控制电路中的问题；如果5V待机电压不正常，应先检查副开关电源电路中的问题。

（黑屏指示灯不亮）

当液晶彩色电视机的开关电源电路出现故障，无电压输出时，可按照下面的方法进行检修。

（1）首先检查开关电源电路板中有无明显损坏的元器件，重点检查熔断器、滤波电容等有无发黑，漏液等故障现象。并检测液晶彩色电视机的220V电压输入接口电压是否正常。如图13-4所示。

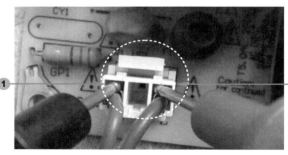

用数字万用表交流电压750V挡测量，将黑表笔接电源接口的N端。① ② 将红表笔接电源接口的L端，测量220V电压。

图13-4　测量电源输入插座

（2）接着测量桥式整流滤波电路中310V滤波电容，两端是否有310V直流电压。如图13-5所示。

用数字万用表直流电压1000V挡测量，将黑表笔接电容的负端。① ② 将红表笔接电容的正极测量电压

图13-5　测量310V直流电压

（3）如果没有310V直流电压，接着检测交流输入电路中的熔断器是否烧断、压敏电阻、滤波电容等是否损坏。如图13-6所示。如果熔断器被烧断，则先检测稳压控制电路和保护电路中有无短路的元器件。

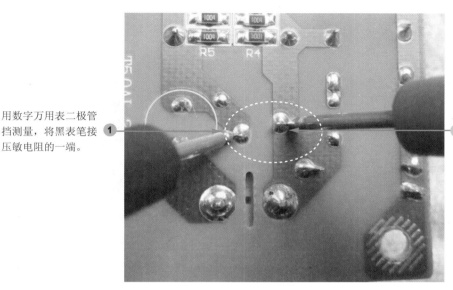

用数字万用表二极管挡测量，将黑表笔接压敏电阻的一端。

将红表笔接压敏电阻的另一端测量阻值

图13-6　检测交流滤波电路

（4）如果交流滤波电路中没有元器件损坏，接着检测整流堆和310V滤波电容是否损坏。如图13-7所示。

先将滤波电容放电，然后用指针万用表的Rx10k挡测量，将黑表笔接电容的一端。

将红表笔接电容的另一端，观察指针变化，正常指针会有一个摆动。

图13-7　测量310V滤波电容

（5）如果桥式整流滤波电路中310V电压正常，接着检查PFC电路输出的400V电压是否正常，如果不正常，检测PFC电路中的驱动芯片、电感、开关管等元器件。如图13-8所示。

用数字万用表的二极管挡测量，将黑表笔接二极管的一端。①

将红表笔接二极管的另一端测量阻值。之后再对调两表笔测量。②

图13-8　检测PFC电路

（6）若PFC电路输出电压正常，接着检测开关变压器的次级是否有电压（测量次级连接的快恢复二极管的正极电压）。如图13-9所示。

将黑表笔接地，测量次级的感应电压。②

用数字万用表的直流电压200V挡测量，将红表笔接快恢复二极管的正极端。①

图13-9　检测开关变压器次级电压

（7）如果有，则检测次级整流滤波电路中的滤波电容、快恢复二极管、电感等元器件。如图13-10所示。

（8）若次级整流滤波电路正常，再检测稳压控制电路和保护电路中的光电耦合器、取样电阻、精密稳压器等元器件。如图13-11所示。

用数字万用表的二极
管挡测量，将红表笔
接电感的一端。①

② 将黑表笔接电感的
另一端，测量电感
是否损坏。

图13-10　检测整流滤波电路

用数字万用表的欧姆
挡测量，将红表笔接
电阻器的一端。①

② 将黑表笔接电阻器
的另一端，测量取
样电阻的阻值。

图13-11　检测精密稳压器

（9）若开关变压器次级电压不正常，接着检查PWM控制芯片的启动引脚是否有启动电压，如图13-12所示。

用数字万用表的20
直流电压挡测量，
将红表笔接PWM芯
片的VCC引脚。①

② 将黑表笔接芯
片的GND引脚

图13-12　测量启动电压

（10）如果启动电压不正常，检测启动电阻。如果正常，接着检测输出端在开机瞬间有无高低电平跳变。如果没有则是PWM控制芯片或周围元器件有损坏。如图13-13所示。

用数字万用表二极管挡测量，将红表笔接电容的一端。

将黑表笔接电容的另一端测量电容是否短路漏电

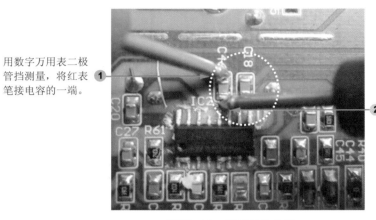

图13-13　测量启动电压

（11）若PWM控制芯片输出端有输出电压，则重点检测开关管是否损坏，如图13-41所示。

用数字万用表的二极管挡，将红表笔接开关管的一只引脚。

将黑表笔接开关管的一只引脚。测量两脚间的阻值。

图13-14　检测开关管

13.2　液晶彩色电视机显示屏及背光故障维修方法

在液晶彩色电视机的故障中，显示屏及背光故障占比也比较大，特别是背光灯故障，下面总结一下液晶彩色电视机显示屏及背光故障维修方法。

13.2.1　LED背光板电路故障维修方法

LED背光板电路和CCFL背光板电路相比，它没有交流高压输出，保护电路较少，它输出的是直流电压。为此，LED背光板电路的检修要比CCFL背光板电路简单得多。

一个LED液晶彩色电视机一般有多组LED灯，有的为4组LED灯，有的为6组LED灯，同一个屏上的几组LED灯的性能和参数是相同的，每组LED灯上有多个LED单元，每个LED单元采用压焊工艺配在一个金属条上。维修时如果发现一组LED灯不亮，用指针式万用表的R×1挡或R×10挡测量每个二极管单元两端的电阻值，来判断是哪个二极管单元损坏。正常时，每个二极管单元两端应有几十欧到几百欧的阻值，其两端的电压在3V左右，有的则高达6.5V。用万用表测量时，低电压会发光，而高电压则不会发光，不会发光的会有阻值，这一点需注意。

维修时不能单独更换LED单元，但可更换同型号的LED灯组合，更换时连同整个金属条和供电插座一块换掉，如果判断是因为一个LED单元出现开路造成整个LED灯组合不亮，可将该LED单元短路来进行维修，短路LED单元的方法是用镊子将二极管单元上面的保护膜挑开，用焊锡将二极管内部的正极金属盘和负极金属盘短路即可，更换或维修LED灯电路时，应尽量在无尘房间中操作。

13.2.2 显示屏供电电路维修方法

供电是液晶显示屏工作的必备条件之一，该电路不正常，显示屏控制驱动电路就无法正常工作，同时驱动信号也无法被送到液晶显示屏组件中。由于供电电路中的元器件通常工作在大电流的环境中，因此发生故障的概率较高，通常检测故障时，首先对供电电路进行检测。

液晶显示屏供电电路的检测方法如下（以TPS65161为例）：

（1）首先检测开关电源控制芯片的电压输入端第20脚的12V电压是否正常。如图13-15所示。

用万用表的电压挡20V量程测量，将红表笔接芯片的第20引脚。 将黑表笔接电路板接地端

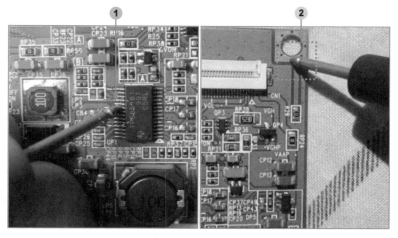

图13-15 检测输入电压

（2）接着检测VDD电压输出端的3.3V供电电压是否正常，不正常检测开关电源控制芯片第18引脚的输出电压信号及18脚连接的电感、二极管、滤波电容及第15脚连接的分压电阻好坏。如图13-16所示。

用万用表的电压挡5V量程测量，将红表笔接芯片的第18引脚，外接电感的一端测量3.3V电压。

将黑表笔接电路板接地端

（a）测量3.3V电压

用万用表的二极管挡将红表笔接电感的一端

将黑表笔接电感的另一端检测电感是否损坏

（b）测量电感是否断路损坏

用万用表的二极管挡将红表笔接电容的一端

将黑表笔接电容的另一端检测电容是否短路损坏

（c）测量电容是否短路损坏

图13-16　检测3.3V供电电压

　　（3）检测VAA电压输出端的18V供电电压是否正常，不正常检测开关电源控制芯片第4、5引脚连接的电感、二极管、滤波电容及第1引脚连接的分压电阻的好坏。如图13-17所示。

用万用表的电压挡20V量程测量，将红表笔VAA供电电路中电感的负极的一端测量18V电压。

将黑表笔接电路板接地端

（a）测量18V供电电压

用万用表的二极管挡将红表笔接电感的一端

将黑表笔接电感的另一端检测电感是否损坏

（b）检测电感好坏

图13-17　检测18V供电电压

（4）检测VGH电压输出端的32V供电电压是否正常，不正常检测第10引脚连接的耦合电容、二极管、滤波电容及第14引脚连接的分压电阻的好坏。如图13-8所示。

用万用表的直流电压挡200V量程测量，将红表笔接芯片的第10脚外接的电感负极端测量32V电压。

将黑表笔接电路板接地端

（a）测量32V供电电压

图13-18　检测32V供电电压

用万用表的二极
管挡将红表笔接
电容的一端 ①

② 将黑表笔接电容的
另一端检测电容是
否短路损坏

（b）测量滤波电容的好坏

用万用表的二极
管挡将红表笔接
二极管的一端 ①

② 将黑表笔接二极管的
另一端检测二极管的
阻值是否正常

（c）测量二极管的好坏

图13-18　检测32V供电电压（续）

（5）检测VGL电压输出端的-5V供电电压是否正常，不正常检测第11引脚连接的耦合电容、二极管、滤波电容及第13引脚连接的分压电阻的好坏。如图13-19所示。

① 用万用表的直流电压
挡20V量程测量，将
红表笔接芯片的第10
脚外接的电感正极端
测量-5V电压。

② 将黑表笔接电
路板接地端

（a）检测-5V供电电压

图13-19　检测-5V供电电压

用万用表的二极
管挡将红表笔接
二极管的一端

将黑表笔接二极管的
另一端，检测二极管
的阻值是否正常。

（b）检测二极管的好坏

图13-19　检测-5V供电电压（续）

（6）如果输入端电压正常，各输出电压不正常，但周边连接的电感器、二极管、电容、电阻等均正常，则可能是开关电源控制芯片虚焊或损坏。

13.2.3　显示屏控制驱动电路维修方法

显示屏控制驱动电路故障会导致液晶彩色电视机出现无图像、黑屏、白屏、花屏、图像异常等显示不正常的故障。这些故障通常是由数据线问题、显示屏控制驱动芯片问题等引起的。

液晶显示屏控制驱动电路的检测方法如下：

（1）首先观察液晶显示屏驱动信号输入接口表面是否有虚焊、断针等现象，如果有，焊接接口。如果接口正常，测量驱动电路的12V供电电压是否正常。如果不正常，则是主处理器电路中12V电压输出电路问题。如果12V供电电压正常，再测量驱动芯片的3.3V工作电压是否正常。不正常检测稳压器、滤波电容等元器件。正常接着用示波器检测液晶显示屏驱动信号输入接口的驱动信号波形是否正常，如图13-20所示。如果信号不正常，则可能是主处理电路有问题。

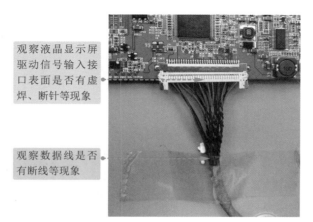

观察液晶显示屏
驱动信号输入接
口表面是否有虚
焊、断针等现象

观察数据线是否
有断线等现象

（a）检查输入接口

图13-20　检测输入信号波形信号

液晶显示屏驱动信号输入接口

将示波器的探头搭在输入接口数据或时钟信号引脚，测量其波形。

（b）检查输入接口波形

图13-20 检测输入信号波形信号（续）

（2）检测液晶显示屏驱动信号输出接口是否有虚焊情况、是否有断线的情况，如果有，焊接接口。如果接口正常，接着用示波器检测液晶显示屏驱动信号输出接口的驱动信号波形是否正常，如图13-21所示。

观察液晶显示屏驱动信号输出接口表面是否有虚焊、断针等现象

观察数据线是否有折断等现象

（a）检测输出接口

将示波器的探头搭在输出接口信号引脚，测量其波形。

液晶显示屏控制驱动芯片

（b）测量输出信号波形

图13-21 检测输出信号波形信号

（3）如果驱动信号输出接口的驱动信号波形正常，接着检测液晶屏连接的屏线是否断裂或损坏。如图13-22所示为液晶屏连接的屏线。

图13-22　液晶屏连接的屏线

（4）如果输出接口的信号不正常，接着检测液晶屏控制驱动芯片的输出端信号是否正常，如图13-23所示。

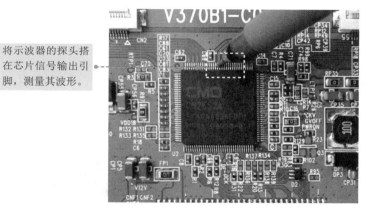

图13-23　测量输出端信号

（5）如果液晶屏控制驱动芯片的输出端信号不正常，则检测芯片供电电压是否正常。如图13-24所示。如果供电电压不正常，则测量供电电路中的元器件。

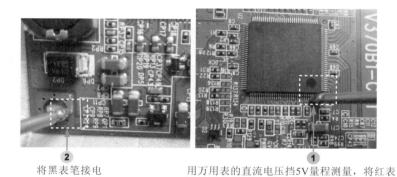

❷ 将黑表笔接电路板接地端

用万用表的直流电压挡5V量程测量，将红表笔接芯片的第5引脚测量供电电压是否正常。❶

图13-24　测量芯片供电电压

（6）如果供电电压正常，输入信号正常，则可能是显示屏控制驱动芯片虚焊或损坏。

13.3　液晶彩色电视机图像与声音故障维修方法

液晶彩色电视机控制电路部分故障通常会造成液晶彩色电视机无声、无图像、有噪点、图像不清晰、接口无法使用等故障，接下来总结一下液晶彩色电视机控制电路部分故障维修方法。

13.3.1　高频调谐器、中频处理电路故障维修方法

液晶彩色电视机的高频调谐器或者中频处理电路出现故障都会引起无图像、无声音的故障。如果液晶彩色电视机采用的是中放一体化高频调谐器，可直接对其更换，一般均可排除故障。

若液晶彩色电视机采用的是独立的高频调谐器和中频处理器电路，则可以先鉴别是高频调谐器故障，还是中频处理电路部分故障。

方法是：若进行自动搜索，屏幕上能有各频道图像瞬间闪过，节目号不翻转，说明高频调谐器工作正常，故障在MCU或存储器软件有故障；

若自动搜索时只有部分频道图像瞬间闪过，则说明高频调谐器33V（有些为30V）供电电压有问题，检测此电压供电电路中的元器件；如图13-25所示。

若自动搜索一直无图像闪现，故障可能在高频调谐器及中频处理电路，重点检查这部分电路问题。

将万用表黑表笔接高频调谐器外壳 ❶

❷ 将万用表红表笔接高频调谐器33V供电引脚

图13-25　测量高频调谐器33V电压

13.3.2　AGC电路、高频调谐器输出电路故障维修方法

液晶彩色电视机的AGC电路、高频调谐器及高频调谐器输出电路出现故障会引起雪花噪点大、图像不清晰等现象。

检修时，首先测量高频调谐器AGC电压是否正常，若低于正常值较多，则应检查中频处理电路AGC引脚电压是否正常，不正常，检测其外接的元器件是否损坏，如图13-26所示。

若高频头AGC电压正常，则应检查高频调谐器的工作电压是否正常，若电压都正常，则检查中频处理器电路部分等。

将万用表红表笔接高频调谐器AGC引脚（第1引脚）

将万用表黑表笔高频调谐器外壳

将万用表黑表笔接地

将万用表红表笔接中频处理芯片AGC引脚

图13-26　测量高频调谐器AGC电压

13.3.3　控制电路维修方法

液晶彩色电视机控制电路出现故障后，通常会造成花屏、白屏、图像垂直翻滚及扭曲、按键失灵、不能正常开机、无规律花屏、死机等故障。在检测主处理电路时，主要检测供电电压，时钟信号，复位信号，I²C总线信号，输入的数据信号，输出的数据信号等是否正常。

控制电路的检测方法如下：

（1）首先检测控制电路芯片的供电电压是否正常，若不正常，检查供电电路问题，如图13-27所示。

用万用表的电压挡，20V量程，
将黑表笔接电路板接地端。

将红表笔接主处理
芯片的供电引脚

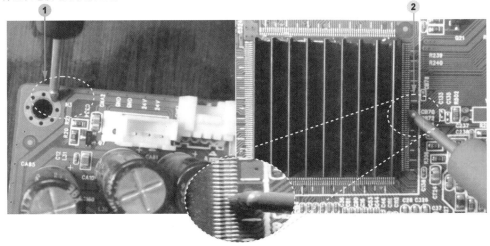

图13-27　测量供电电压

（2）接着检测时钟信号是否正常，若不正常，检查时钟电路故障，如图13-28所示。

晶振，上面标注的
12.000为频率参数

将示波器的探头搭
在主处理芯片时钟
信号输入引脚，测
量其波形

图13-28　测量时钟信号

（3）测量主处理芯片的复位信号是否正常，若不正常，检查复位电路问题，如图13-29所示。

（4）测量主处理芯片的视频图像输入信号是否正常，若不正常，检查中频电路输出端到主处理芯片输入端间的线路，如图13-30所示。

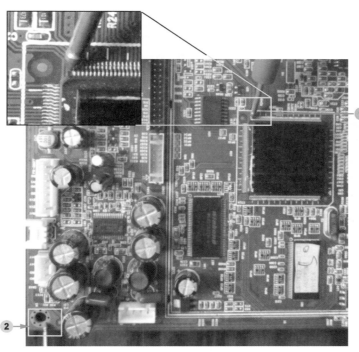

用万用表的电压挡，20V量程测量，将红表笔接主处理芯片复位引脚。

再将黑表笔接电路板的接地端，或主处理芯片的接地引脚

图13-29　测量主处理芯片复位信号

主处理芯片，三角位第1引脚标记

将示波器的探头搭在主处理芯片视频图像输入端（第46、47引脚）

图13-30　测量输入视频图像信号

（5）测量主处理芯片图像数据输出信号，如图13-31所示。

将示波器的探头搭在主处理芯片图像数据输出端（第135~159引脚）

图13-31   测量图像数据输出信号

（6）接着测量主处理芯片输出的I²C总线信号是否正常，如图13-32所示。

将示波器的探头搭在主处理芯片I²C总线输出端（第126、127引脚）

图13-32   测量I²C总线信号

（7）如果主处理芯片的供电电压正常，时钟信号正常，复位信号正常，存储器电路正常，输入的视频图像信号正常，但输出不正常，则可能是主处理芯片虚焊或损坏，更换主处理芯片。

13.3.4　音频电路故障维修方法

1. 音频电路故障诊断方法

液晶彩色电视机音频电路的结构相对来说是比较简单的，使用的电路元器件较少，检测和分析故障也比较容易。另外音频电路有些故障可以通过听音来推断，根据声音不良的各种症状可以推断出故障的部位或元器件。

如图像良好，而无声音，将音量调大也无声音，这种情况一般是信号通道中某些集成电路或晶体管损坏。音频功率放大器工作在较大电流的状态，其中的晶体管或集成电路击穿损坏的情况是常见的。另外音频电路的供电电源不良也会引起这种故障，用万用表测量音频功率放大器芯片的供电电压，便能发现故障。

如果声音中交流声比较大，这种情况一般是电源滤波电容损坏或是有干扰。

如果声音失真（声音嘶裂或音质极差）往往是音频放大电路中的元器件不良引起的。

2. 音频功率放大器电路故障诊断方法

音频功率放大器作为音频电路中的最后一级，在检测音频电路故障时，通常首先检测音频功率放大器的输出端信号，通过输出端信号是否正常来判断故障点。

（1）检测时，首先将示波器的探头搭到音频功率放大器输出引脚，如图13-33所示为音频功率放大器的输出引脚（第22引脚）。

将示波器的探头搭在音频功率放大器输出引脚，测量输出信号

图13-33　音频功率放大器输出端信号测量

（2）若音频功率放大器芯片输出端信号正常，则故障可能出现在输出端与喇叭之间的元器件，如电感、电容接触不良或损坏，或喇叭接口接触不良等。用万用表测量这些元器件，如图13-34所示。

用万用表的二极管挡测量，将红表笔搭在电容器的一只引脚，将黑表笔搭在电容器的另一只引脚

用万用表的二极管挡测量，将红表笔搭在电感器的一只引脚，将黑表笔搭在电感器的一只引脚

测量电容好坏

测量电感好坏

图13-34　测量输出端连接的电感和电容

（3）如果输出端信号不正常，则首先测量音频功率放大器芯片的供电电压。将万用表红表笔接在芯片第8引脚，黑表笔接地进行测量。如图13-35所示测量音频功率放大器芯片供电引脚电压（第8引脚和第20引脚电压均为18V）。

用万用表的电压挡20V挡测量，将红表笔搭在音频功率芯片的第8引脚。

1

2 将黑表笔接在电路板的接地端

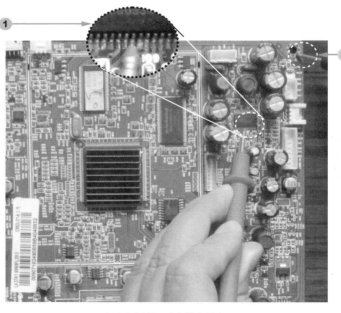

（a）测量第8引脚供电端电压

图13-35　音频功率放大器芯片供电引脚

将黑表笔接在电路板的接地端

用万用表的电压挡20V挡测量，将红表笔搭在音频功率芯片的第20引脚。

（b）测量第20引脚供电端电压

图13-35　音频功率放大器芯片供电引脚（续）

供电端电压不正常的话，测量供电电路中连接的电容、电感等元器件以及电源电路输出端电压。如图13-36所示为测量供电电路中的电感。

用万用表的二极管挡测量，将红表笔接在电感一端。将黑表笔接在电感的另一端

图13-36　测量供电电路中的电感

（4）供电电压正常的话，接着测量音频功率放大器芯片输入端信号是否正常，如图13-37所示测量音频功率放大器芯片输入端引脚（第14引脚）信号。

若输入端信号正常，则是音频功率放大器芯片接触不良或损坏，若输入端信号不正常，则需要检测上级电路。

将示波器的探头搭在音频功率放大器输入引脚，测量输入端信号

图13-37　测量音频功率放大器芯片输入端信号

13.3.5　AV接口电路故障维修方法

液晶彩色电视机AV接口电路故障会造成连接通过AV接口连接液晶彩色电视机的DVD等设备无法在电视上播放视频图像。当连接AV接口的设备无法在液晶彩色电视机上播放视频时，可以按照下面的方法进行检测。

（1）首先检查不通过AV接口播放视频时，液晶彩色电视机是否能播放电视信号。若不能，则可能是电视中电视信号接收电路等其他电路有问题。

（2）若能播放电视信号，接着先检查AV接口插座有无明显脱焊、摇晃等情况，如图13-38所示。若存在此故障，重新加焊即可。

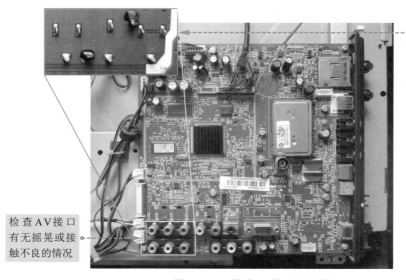

电路板背面AV接口焊点，检查焊点有无脱焊的情况

检查AV接口有无摇晃或接触不良的情况

图13-38　检查AV接口引脚焊点

小知识：

虚焊的现象特征：

（1）表面不润湿，焊点表面呈粗糙的形状、光泽性差、润湿性不好。

（2）表面润湿，但钎料和基体金属界面未发生冶金反应。

（3）若AV接口插座正常，接着在通电的情况下，用示波器检测AV接口输入的视频信号波形是否正常，如图13-39所示。

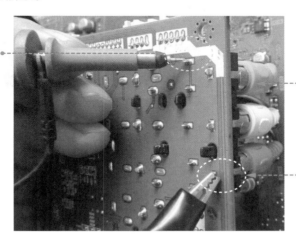

将示波器的探头搭在AV接口视频输入接口上测量输入信号波形

视频输入引脚为黄色

将示波器的接地夹搭在接地端

图13-39 检测AV接口输入端信号

（4）接着检测左右声道输入的音频信号是否正常，如图13-40所示。若不正常，则可能是AV接口插座内芯损坏。

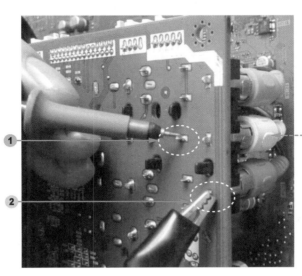

将示波器的探头搭在AV接口音频左声道输入接口上测量音频输入信号波形

左声道输入引脚为白色

将示波器的接地夹搭在接地端

图13-40 检查左右声道音频信号波形

将示波器的探头搭在AV接口音频右声道输入接口上测量音频输入信号波形

右声道输入引脚为红色

将示波器的接地夹搭在接地端

图13-40　检查左右声道音频信号波形（续）

（5）若AV接口输入的视频和音频信号波形正常，接着检测主处理器芯片的视频和音频输入引脚信号波形是否正常。如图13-41所示。

小知识：

示波器为非平衡式仪表，探头的黑夹子应接地，并且接线时先接黑夹子后接探头，拆线时相反。在只使用一个通道的情况下，触发源（SOURCE）的选择应与所用通道一致。

将示波器的探头搭在主处理芯片音频输入接口上测量音频输入信号波形

图13-41　检查主处理芯片AV信号输入引脚波形

（6）若不正常，接着检查AV接口电路中连接的二极管、电阻等是否损坏，如图13-42所示。若损坏，更换损坏的元器件即可。

用万用表的二极管挡测量，将黑表笔接在双二极管的一端测量。

将红表笔接在双二极管的一端，测量阻值，正常应该为无穷大。

图13-42 检测二极管是否损坏

（7）若主处理器芯片AV信号输入引脚波形正常，则可能是主处理器芯片有问题，先检查主处理器芯片的供电电压。如图13-43所示。若电压正常，则是主处理器芯片接触不良或损坏。

用万用表的电压挡，20V量程，将黑表笔接电路板接地端。

将红表笔接主处理芯片的供电引脚

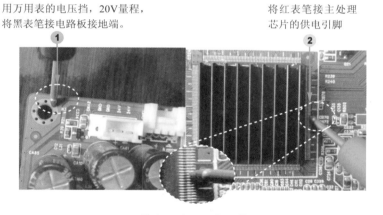

图13-43 检查主处理器芯片供电电压

13.4 液晶彩色电视机典型故障维修方法

在掌握了液晶彩色电视机各个电路的基本维修方法后，下面我们总结一下液晶彩色电视机常见故障的维修方法，在今后维修过程中，当遇到类似故障，可以按照总结的故障维修方法进行检测维修。

13.4.1 开机烧保险管故障维修方法

开机烧保险管故障的检修如图13-44所示。

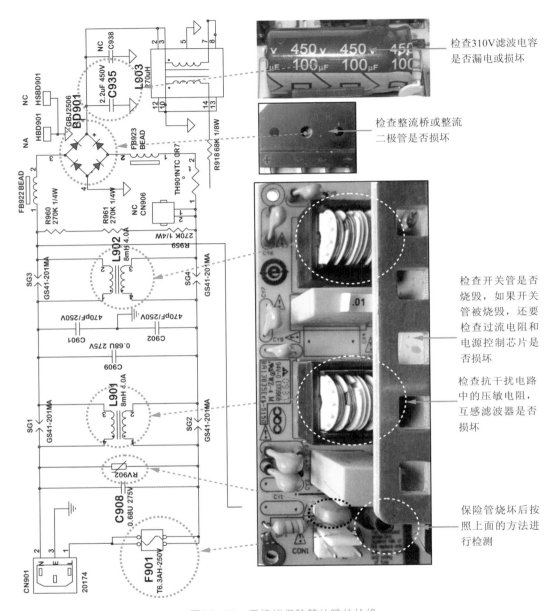

图13-44　开机烧保险管故障的检修

13.4.2　开机无电压输出但保险管正常故障维修方法

开机无电压输出，但保险管正常，说明开关电源未工作，或者工作后进入了保护状态，一般重点检查电源控制芯片，故障的检修如图13-45所示。

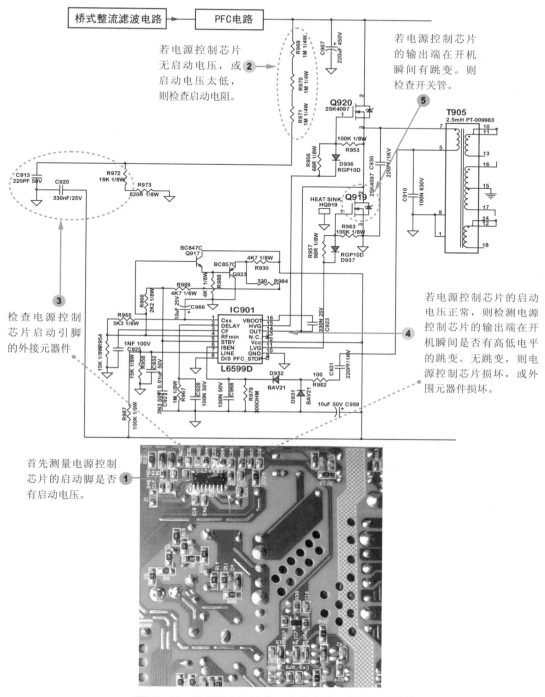

图13-45　开机无电压输出，但保险管正常故障的检修

13.4.3　开机有电压输出但输出电压高故障维修方法

开机有电压输出，但输出电压比正常值高故障检修如图13-46所示。

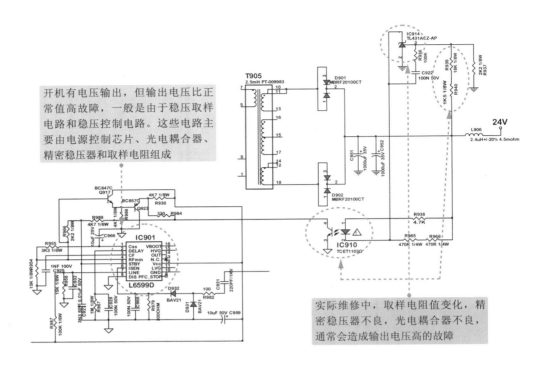

开机有电压输出，但输出电压比正常值高故障，一般是由于稳压取样电路和稳压控制电路。这些电路主要由电源控制芯片、光电耦合器、精密稳压器和取样电阻组成

实际维修中，取样电阻值变化，精密稳压器不良，光电耦合器不良，通常会造成输出电压高的故障

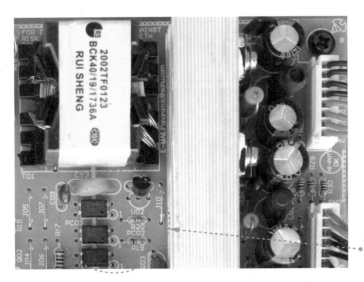

取样电阻、精密稳压器和光电耦合器

图13-46 开机有电压输出但电压高故障检修

13.4.4 开机有电压输出但输出电压低故障维修方法

开机有电压输出，但输出电压低故障检修如图13-47所示。

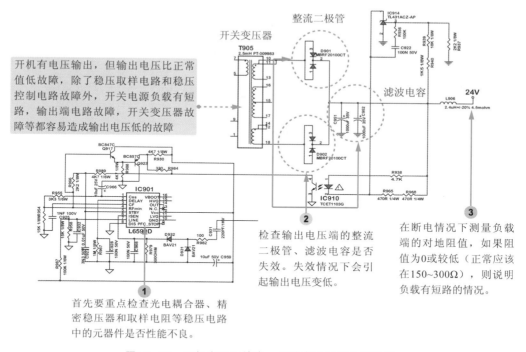

开机有电压输出，但输出电压比正常值低故障，除了稳压取样电路和稳压控制电路故障外，开关电源负载有短路，输出端电路故障，开关变压器故障等都容易造成输出电压低的故障。

检查输出电压端的整流二极管、滤波电容是否失效。失效情况下会引起输出电压变低。

在断电情况下测量负载端的对地阻值，如果阻值为0或较低（正常应该在150~300Ω），则说明负载有短路的情况。

首先要重点检查光电耦合器、精密稳压器和取样电阻等稳压电路中的元器件是否性能不良。

图13-47 开机有电压输出，但输出电压低故障检修

13.4.5 开机电源指示灯亮，但黑屏故障维修方法

开机电源指示灯亮，但黑屏故障可能是背光灯条损坏，或背光灯供电有问题，或背光灯驱动电路有问题，检修如图13-48所示。

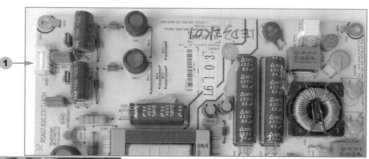

开机电源指示灯亮，但黑屏，说明开关电源电路工作应该正常。先检查LED背光灯接口电压是否正常。不正常就需要检查LED供电电路中的元器件。

检测逻辑板中的12V输入电压是否正常，不正常就检查主处理电路中的液晶屏12V供电电路中的场效应管、电容等。12V电压正常的情况下，再检测排线中背光灯启动信号电压是否正常（1.5V左右），不正常就需要检查主处理电路中的启动信号电路。

图13-48 开机电源指示灯亮，但黑屏故障检修

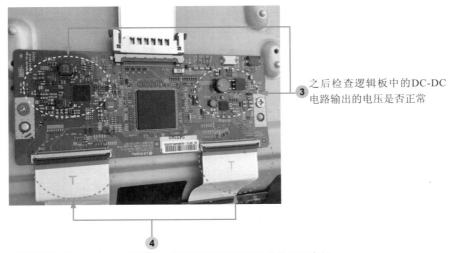

③ 之后检查逻辑板中的DC-DC
电路输出的电压是否正常

④

如果逻辑板中的12V输入电压正常，接着检查逻辑板中的排线是否有损
坏。没有的情况下，再用背光灯测试仪检查LED背光灯条是否损坏

图13-48　开机电源指示灯亮，但黑屏故障检修（续）

13.4.6　开机瞬间液晶彩色电视机可以点亮，然后黑屏故障维修方法

开机瞬间液晶彩色电视机可以点亮，然后黑屏故障通常是由于某只灯管损坏，接触不良引
起的，检修如图13-49所示。

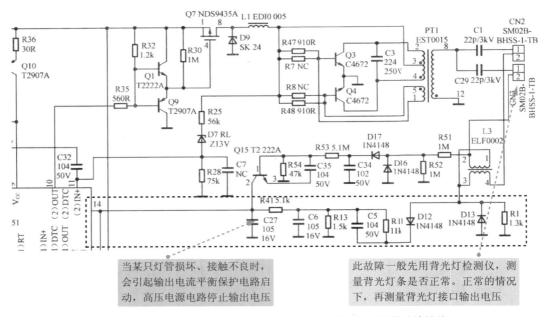

当某只灯管损坏、接触不良时，
会引起输出电流平衡保护电路启
动，高压电源电路停止输出电压

此故障一般先用背光灯检测仪，测
量背光灯条是否正常。正常的情况
下，再测量背光灯接口输出电压

图13-49　开机瞬间液晶彩色电视机可以点亮，然后黑屏故障检修

13.4.7 液晶彩色电视机使用一段时间后黑屏故障维修方法

液晶彩色电视机使用一段时间后黑屏故障主要是由背光灯供电电路的末级电路有虚焊的元器件，或供电级发热量大的元器件虚焊所致。检修如图13-50所示。

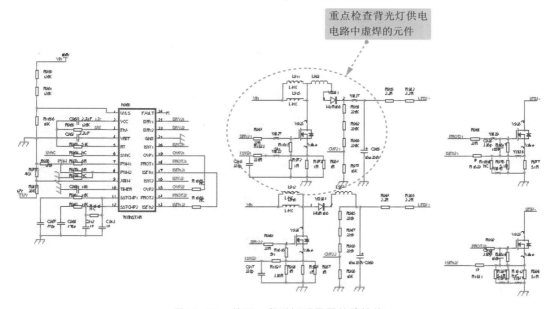

图13-50　使用一段时间后黑屏故障检修

13.4.8 液晶彩色电视机无图像无声故障维修方法

液晶彩色电视机无图无声可能是由于电源电路板工作不正常，或高频调谐器部分电路问题引起，也可能是由于中频电路问题引起，或由于声表面滤波器电路引起，应逐一排查。故障维修方法如图13-51所示。

首先检查电源电路板中的各路输出电压是否
正常。不正常，排查电路板的问题。

图13-51　液晶彩色电视机无图无声故障维修

电源电路板正常的情况下，重点检查高频调谐器部分电路的供电电压是否正常，同时检查射频线接触是否正常。 ②

然后检测伴音信号和图像信号声表面波滤波器输入端信号是否正常，声表面滤波器是否损坏等。 ③

最后检查中频电路中的视频、声音输出信号是否正常，图像和声音输入信号是否正常，检测中频处理芯片外围元器件是否损坏。 ④

图13-51　液晶彩色电视机无图无声故障维修（续）

13.4.9　液晶彩色电视机无图像有声故障维修方法

液晶彩色电视机无图像但有声音故障，说明电源电路板12V输出正常、主处理电路正常。维修方法如图13-52所示。

故障主要与背光有关。可以先检测背光灯条是否有损坏。 ①

再检测电源电路板中背光灯插座的输出电压是否正常。不正常就检查电源电路板中的LED背光供电电路。 ②

图13-52　无图有声故障维修

检查驱动板数据线接口是否接触不良 ③

④ 检查逻辑电路板12V供电电压及供电电路中的元器件

图13-52　无图有声故障维修（续）

13.4.10　液晶彩色电视机有图像无声音故障维修方法

液晶电视有图像无声音，说明高频谐波器，中频处理器芯片是正常的，故障可能在伴音中频声表面滤波器，或中频处理芯片外围元器件故障维修如图13-53所示。

① 若输出信号不正常，检查声音信号输入端连接元器件。

② 检查检测伴音中频声表面波滤波器的输出信号波形是否正常

③ 声表面滤波器输出信号正常的情况下，重点检测中频处理电路芯片的声音部分引脚连接的外围元器件。

图13-53　有图无声故障维修

13.4.11　液晶彩色电视机图像异常故障维修方法

液晶彩色电视机图像异常通常与液晶面板边板故障有关。故障维修方法如图13-54所示。

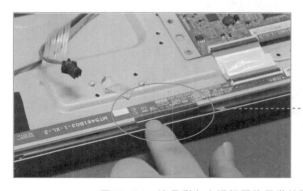

如果图像竖条、图像有一块没显示，花屏等都可能是由于边条问题引起的。重点检查边条排线、元器件等。

图13-54　液晶彩色电视机图像异常故障维修

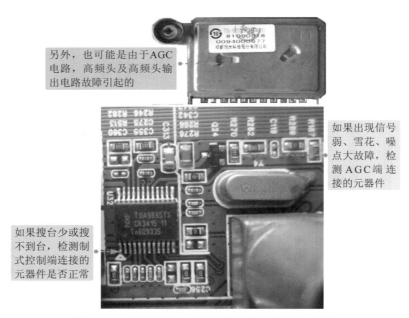

另外，也可能是由于AGC电路，高频头及高频头输出电路故障引起的

如果出现信号弱、雪花、噪点大故障，检测AGC端连接的元器件

如果搜台少或搜不到台，检测制式控制端连接的元器件是否正常

图13-54 液晶彩色电视机图像异常故障维修（续）

13.4.12 液晶彩色电视机无法正常开机故障维修方法

对于无法开机故障，应重点检查微处理器的三个基本工作条件：电压、时钟信号和复位信号故障维修方法如图13-55所示。

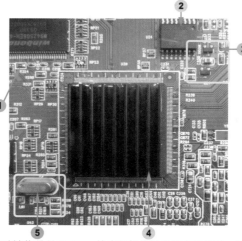

检查微处理器连接的存储器芯片的供电电压是否正常，存储器芯片是否虚焊。

在按下开机键瞬间，测量主处理芯片复位引脚的电压，看是否有1.6V到0V的电压变化。如果没有重点检测复位电路的供电电压和复位芯片及滤波电容等元器件。

首先检查微处理器的供电电压是否正常，不正常，检查供电电路中的稳压器、滤波电容等元器件。

用示波器检测时钟信号是否正常，不正常，检查晶振、谐振电容的焊点有无虚焊或损坏。

检查开机按键电路中的按键，连接线路中的元器件是否损坏等。如果没有损坏，则检查微处理器或主处理芯片是否虚焊。可以加焊主处理器然后查看故障是否消失。

图13-55 液晶彩色电视机无法正常开机故障维修

13.4.13 液晶彩色电视机无规律死机故障维修方法

无规律死机故障可能是由于微处理器供电电压不稳定，或时钟电路元件不良，或存储器电路元件不良，或微处理器虚焊等引起。维修方法如图13-56所示。

首先检查微处理器供电电压，如果电压不正常，则检查供电电路中的稳压器，滤波电容是否损坏。

用示波器检测时钟信号是否正常，不正常，检查晶振、谐振电容的焊点有无虚焊或损坏。

检查主处理器是否过热或虚焊

检查存储器电路的供电电压，存储器芯片是否虚焊、检查程序存储器的供电电压、I^2C总线信号等是否正常。

图13-56 无规律死机故障维修

13.4.14 液晶彩色电视机图像花屏、白屏故障维修方法

花屏故障一般是由液晶面板边板、数字图像处理电路工作不良或虚焊引起的，对于芯片引脚虚焊的检查，一般直接用电烙铁对引脚进行加焊即可。

白屏故障通常是由于没有图像信号输出到液晶屏所致，在检查信号线接口问题时，可以先拆下接口，然后仔细观察接口是否有异常，没有再重新安装即可。对于信号线的检查，重点检查信号线是否有断线，排线被折痕迹等现

（不显示背光灯亮）

象，如果有就要用万用表测量信号线有问题的引脚是否连通。

图像花屏、白屏故障维修如图13–57所示。

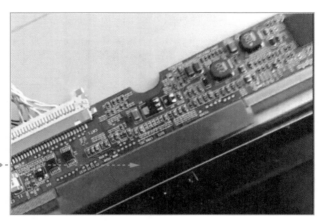

花屏故障检查时，如果数字图像处理电路时单独的芯片，应检查芯片的供电电压是否虚焊（可以加焊芯片来排除）。如果是集成在主处理器芯片中，则重点排除主处理器芯片虚焊问题

白屏故障应该重点检查主处理器芯片或数字图像处理器芯片的供电是否异常，检查信号线接口是否接触不良，信号线是否损坏等

对于花屏故障，还需要检测主处理芯片的存储器损坏或不良

图13–57　图像花屏、白屏故障维修

13.4.15　液晶彩色电视机按键失灵故障维修方法

按键失灵故障维修如图13–58所示。

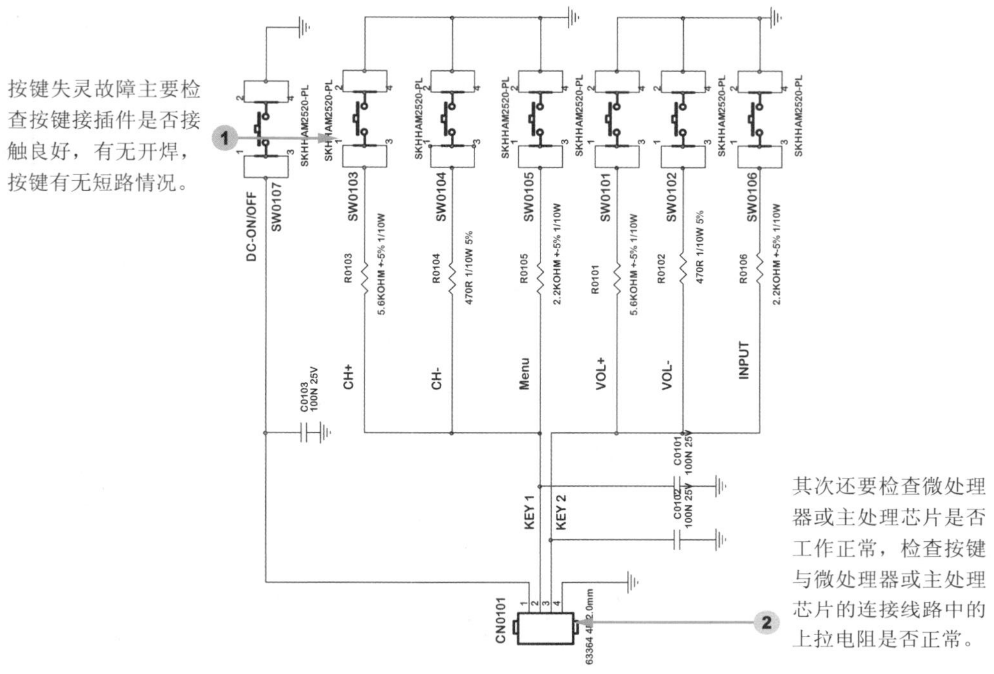
按键失灵故障主要检查按键接插件是否接触良好，有无开焊，按键有无短路情况。
1
2
其次还要检查微处理器或主处理芯片是否工作正常，检查按键与微处理器或主处理芯片的连接线路中的上拉电阻是否正常。
SW0107
SW0103
SW0104
SW0105
SW0101
SW0102
SW0106
DC-ON/OFF
CH+
CH-
Menu
VOL+
VOL-
INPUT
KEY 1
KEY 2
CN0101

图13-58　按键失灵故障维修

13.4.16　液晶彩色电视机无声或声音异常故障维修方法

液晶彩色电视机无声或声音异常故障多发生在音频功率放大器电路、音频信号处理电路、喇叭及音频接口处。维修方法如图13-59所示。

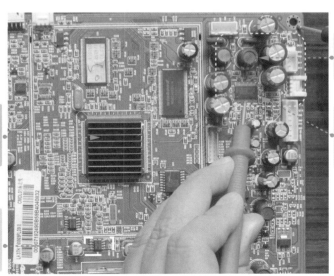

检测音频功率放大器的输出端与喇叭插座之间的元器件
检测音频信号处理器电路的输出端信号，输入端信号和供电电压
检测音频功率放大器的输出端信号，输入端信号和供电电压
检测音频信号处理器电路的输出端与音频功率放大器输入端之间的元器件

图13-59　液晶彩色电视机无声或声音异常故障维修

13.4.17　液晶彩色电视机黑屏故障维修方法

液晶彩色电视机黑屏故障维修如图13-60所示。

（黑屏指示灯亮）

首先检查背光灯是否正常。如果液晶电视在背光灯点亮的情况下出现白屏或黑屏故障，通常是由于液晶屏失去供电而引起的。

检查输出端数据线接口是否接触不良

这时应该重点检查液晶屏控制驱动电路中的开关电源控制芯片及连接的电感、二极管和电容等元器件。

接着检查驱动板数据线接口是否接触不良

图13-60　液晶彩色电视机黑屏故障维修

13.4.18　液晶彩色电视机接口不良故障维修方法

接口不良故障维修方法如图13-61所示。

接着用万用表测量接口的工作电压是否正常。不正常检查供电电路中的元器件。

检查接口电路中的二极管、电阻、电容等元器件是否性能不良或损坏。

检查主处理芯片接触不良或损坏

首先检查接口插座是否歪斜、松动、磨损，接口背面的焊点是否脱焊等，如果有重新焊接接口。

图13-61　接口不良故障维修

第 14 章
液晶彩色电视机故障维修实践

液晶彩色电视机使用时间长了或使用不当，出现故障是在所难免的，作为维修者，要想快速准确地排除故障，除了掌握必要的基本理论外，还需要具备一定故障处理技巧和经验。本章通过一些液晶彩色电视机的维修实例为你总结一些维修经验。

14.1 液晶显示器黑屏不开机指示灯亮故障维修

1. 故障现象

一台康佳液晶彩色电视机开机黑屏，但指示灯亮，且在强光下隐约可见图像。经分析认为本机故障为LED背光灯未工作所致。

2. 故障检测与维修

此故障的维修方法如图14-1所示。

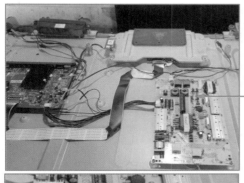

① 首先拆开液晶电视的外壳。用万用表测量开关电源板5V、12V及105V输出电压均正常。

② 接着拔下LED灯条的电源插头，准备检测LED灯条。

图14-1 液晶显示黑屏不开机指示灯亮故障维修

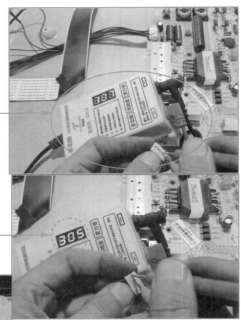

将LED背光灯测试仪的两个表笔接
LED灯接口的左侧背光灯供电引脚，
测出的值为107V，说明此左侧LED背
光灯正常。（如果背光灯正常就会显
示背光灯的工作电压）。

3

再接LED灯接口的右侧背光灯供电引
脚，测出的值为305V，说明此右侧
LED背光灯损坏。（如果背光灯损坏
测试仪电压值不会变，测试仪空载显
示电压为305V）。

4

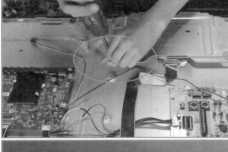

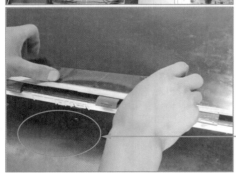

5 接着拆开液晶面板，准
备更换LED背光条。

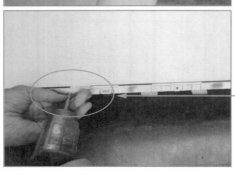

图14-1 液晶显示黑屏不开机指示灯亮故障维修（续）

6 LED背光条用胶粘在电视壳上，用裁纸刀将原先的LED等拆下。

7 接下来先将新的LED背光条接电测试，新的LED背光条亮。

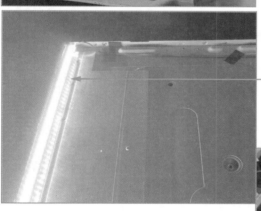

接着先清理原先背光灯留下的胶，再将新的LED背光条用胶粘到背板上，一定要粘牢固。 8

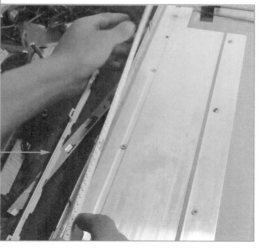

图14-1 液晶显示黑屏不开机指示灯亮故障维修（续）

之后安装好液晶面板，通电开机测试，可以正常显示，故障排除。 **9**

图14-1　液晶显示黑屏不开机指示灯亮故障维修（续）

14.2 液晶彩色电视机黑屏不开机指示灯不亮故障维修

1. 故障现象

一台康佳液晶彩色电视机开机黑屏，指示灯不亮。根据故障现象分析，通电后指示灯不亮，可能是开关电源有故障。

2. 故障检测与维修

此故障的维修方法如图14-2所示。

首先拆开液晶电视机的外壳，然后用万用表的直流电压40V挡测试开关电源电路板的5V和12V供电电压。发现5V和12V电压为0，不正常。 **1**

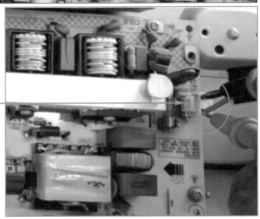

然后用万用表的交流400V挡测试开关电源电路板的220V进线电压。测量值为232V，电压正常。 **2**

图14-2　液晶彩色电视机黑屏不开机指示灯不亮故障维修

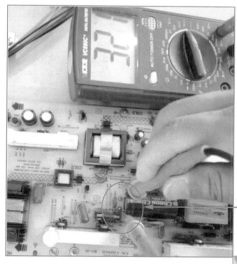

接着用万用表的直流400V挡，测量整流滤波电路中的310V电容的电压，测量值为321V，电压正常。说明整流滤波电路工作正常。 ③

之后用二极管挡，黑表笔接12V输出引脚，红表笔接地，测量12V接线端对地阻值。阻值为无穷大，说明后级电路（即控制电路板）中没有短路情况，故障在开关电源电路板。同样测量5V输出脚，阻值也为无穷大。 ④

根据经验判断，整流滤波输出的电压正常，但输出端为电压输出，故障一般是PWM控制器和开关管问题引起。首先检查PWM控制器。用万用表直流400V挡测量控制器的输入端电压。测量值为317V，输入电压正常。 ⑤

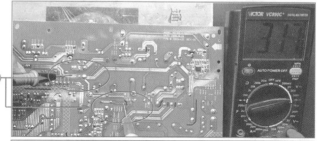

再测量PWM控制器的输出端电压。测量值一直在变动，说明PWM控制器有问题，或PWM控制器输出端连接的滤波电容有问题。接着关机，重新开机测试，发现刚开机时，PWM输出电压同样一直跳动。如果PWM输出端连接的滤波电容有问题时，刚开机PWM控制器输出电压应该是正常的，之后才会变动，可以排除滤波电容损坏的问题。 ⑥

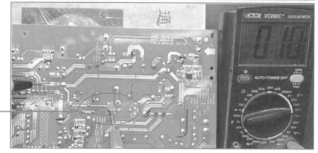

图14-2　液晶彩色电视机黑屏不开机指示灯不亮故障维修（续）

根据测试现象，判断PWM控制器可能损坏。接下来试着换下PWM控制器。将原先的控制器拆下，换上新的控制器。 **7**

8 接着通电测试，开关电源输出端12V电压。测量值为12.1V，输出电压正常。

9 最后装好电视机的电路板和外壳，再次测试，可以正常开机显示开机画面，故障排除。

图14-2　液晶彩色电视机黑屏不开机指示灯不亮故障维修（续）

14.3　液晶彩色电视机开机无图像，指示灯闪烁故障维修

1. 故障现象

一台LG液晶彩色电视机开机后指示灯闪烁无图像。根据故障现象分析，由于开机后指示灯闪烁，说明开关电源电路工作正常，故障应该在控制板或液晶面板驱动板。

2. 故障检测与维修

此故障维修方法如图14-3所示。

首先将电视机通电测试，发现开机后指示灯闪烁，无图像显示。

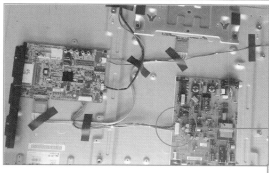

接下来拆开外壳，然后用万用表的40V直流电压挡测量开关电源板输出的5V和12V电压，电压均正常。

根据经验，这种问题通常由液晶面板驱动电路板问题引起。接下来先检查驱动电路板，将右边的驱动信号排线拆下，然后开机测试。

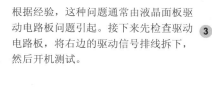

通电之后看到电视机有一半屏亮了，另一半不亮，说明左边的驱动电路正常。

图14-3　液晶彩色电视机开机无图像，指示灯闪烁故障维修

然后将右侧的驱动信号排线插上，再拆下左侧的驱动信号排线测试。 **5**

通电之后看到电视机全不亮了，说明右侧的驱动电路部分有问题。 **6**

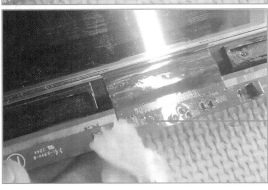

7 接下来拆开屏检查，发现右侧部分的屏电路板有漏液腐蚀的痕迹。

8 之后用无水酒精清洗电路板。

图14-3　液晶彩色电视机开机无图像，指示灯闪烁故障维修（续）

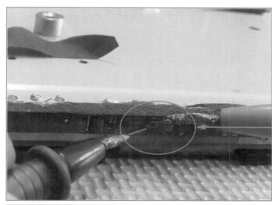

清洗完之后，用万用表的二极管挡测
⑨ 量电路板上的贴片电容。发现有一个
电容短路损坏。其他元器件正常。

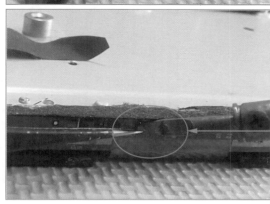

接下来将损坏的电容取下，然后更换
⑩ 一个新的贴片电容。

之后将显示屏装好测试 ⑪

通电后，发现液晶电视出现LG的开
机画面，说明故障排除。之后将液
晶电视装好，再次测试，显示正常，⑫
故障排除。

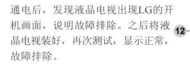

图14-3　液晶彩色电视机开机无图像，指示灯闪烁故障维修（续）

14.4 液晶彩色电视机开机指示灯亮有声没图像故障维修

1. 故障现象

一台液晶彩色电视机开机指示灯亮，屏幕亮一下又变黑，有声音但没有图像。根据故障现象分析，有声音说明电源电路板和控制信号板应该都正常，此类故障多由于背光保护引起。

2. 故障检测与维修

此故障维修方法如图14-4所示。

1 首先给液晶电视机通电开机，看到液晶屏指示灯由红变蓝，说明液晶电视控制电路板开始工作。电视机有声音但没有图像。

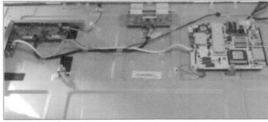

2 接下来拆开液晶电视机的外壳，开始检查。

3 由于液晶电视有声音没图像，怀疑背光灯有问题，所以直接将背光灯电源接口拔下，用测试仪测量背光灯。经测量发现左侧的背光灯有问题。

接着拆开液晶面板检查背光灯，发现左侧背光灯条中有一颗发光二极管掉落，引起背光电路保护。注意拆液晶面板的时候戴上手套，防止手印粘到液晶面板上。另外，拆的时候，将液晶面板和导光板用塑料薄膜盖一下，防止灰尘落到上面。

图14-4 液晶彩色电视机开机指示灯亮有声没图像故障维修

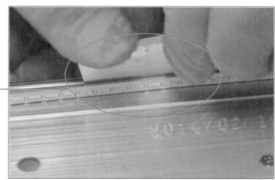

接下来拆卸问题背光灯条。先用刀片将背光灯背面的胶划开，然后取下背光灯条。取下之后先清理干净背光灯条背面的胶。 ⑤

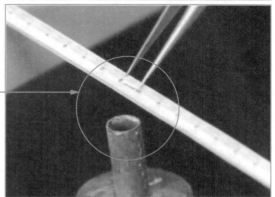

将热风枪温度调到480℃，风力调到5级（由于灯条背面有铝导热板，因此温度调得高一点）。然后从背光灯条下面加入灯条（注意不能从正面加入，否则灯条就烧坏了）。之后将发光二极管放到灯条上，将其焊接好。 ⑥

⑦ 焊好之后，先将背光灯条点亮一下，看看是否修好。点亮的时间不宜过长，一般不超过5秒，防止烧坏发光二极管。之后将背光灯条背面贴上导热胶粘好，然后安装好液晶面板。之后通电开机测试，可以正常显示画面，故障排除。

图14-4　液晶彩色电视机开机指示灯亮有声没图像故障维修（续）

14.5　液晶彩色电视机花屏故障维修

1. 故障现象

一台液晶彩色电视机开机后有图像，但图像花屏，并且图像反应慢。根据故障现象分析，可以排除电源电路板的故障，根据经验，应重点检查显示屏驱动板及液晶面板方面的问题。

2. 故障检测与维修

此故障维修方法如图14-5所示。

首先将电视机通电测试，发现开机后显示屏可以显示图像，但有很多竖线。

接下来拆开外壳检查液晶面板电路板的排线，未发现有损坏。

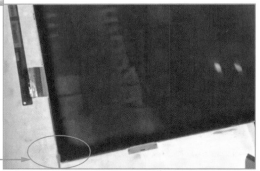

根据经验一般此问题与液晶面板有关。接着拆开液晶面板检查，先通电，然后用棉签蘸酒精，沿着液晶面板边缘轻轻擦拭，擦的同时观察屏幕显示变化。发现擦拭其中一处时，图像变好，说明此处线路有问题。

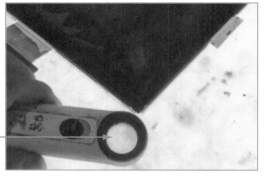

接下来用放大镜查看液晶面板的有问题的地方。

图14-5　液晶彩色电视机花屏故障维修

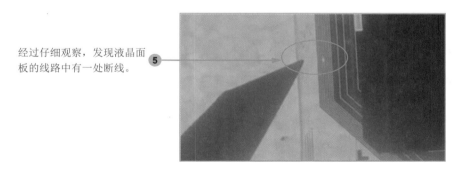

经过仔细观察，发现液晶面板的线路中有一处断线。⑤

接下来顺着断线找到两边的排线，然后用一根漆包铜丝将断口两端焊接起来。⑥

处理好断线后，开机测试，花屏和反应慢故障消失。接下来将电视机装好再次测试，显示正常，故障排除。⑦

图14-5　液晶彩色电视机花屏故障维修（续）

14.6 液晶彩色电视机图像颜色发白故障维修

1. 故障现象

一台液晶彩色电视机突然颜色变得不正常，图像的颜色发白。根据故障现象分析，可以显示图像，说明开关电源板和控制板工作正常，故障应该是由于液晶面板驱动控制电路问题引起的。

2. 故障检测与维修

此故障的维修方法如图14-6所示。

首先将电视机通电测试，发现开机后显示屏可以显示图像，但图像颜色明显发白。①

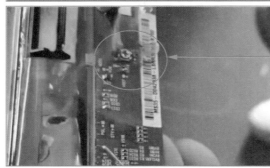

拆开液晶电视，然后重点检查液晶面板的控制电路。打开液晶面板，查看液晶面板控制电路板上的可调电阻。②

在通电的情况下，用手触摸可调电阻。发现触摸之后屏幕的颜色变正常。说明此电阻器损坏。③

图14-6　液晶电视图像颜色发白故障维修

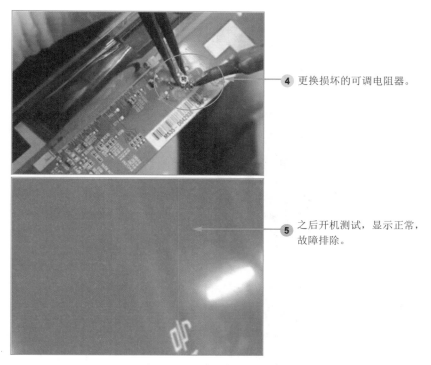

④ 更换损坏的可调电阻器。

⑤ 之后开机测试，显示正常，故障排除。

图14-6　液晶电视图像颜色发白故障维修（续）

14.7　液晶彩色电视机图像有竖线故障维修

1. 故障现象

一台液晶彩色电视机开机及功能均正常，但图像有条竖线。根据故障现象分析，此故障应该是液晶面板屏线问题引起。

2. 故障检测与维修

此故障维修方法如图14-7所示。

① 首先拆开液晶电视的外壳，准备检查。

图14-7　液晶电视图像有竖线故障维修

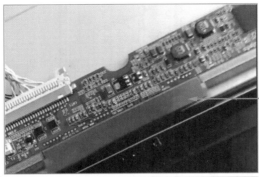

② 根据维修经验，一般此类故障多与液晶面板屏线故障有关。重点检查屏线，未发现排线断裂的问题。

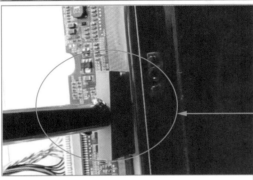

③ 接下来用屏线压制工具重新压一下屏线接口。将设备调整到400℃，然后在屏线接口的地方压5秒左右松开。将屏线所有接口均压一遍。

重新处理屏线之后，通电开机测试，显示画面中的竖线消失，故障排除。接下来将液晶电视重新装好，再次测试，未发现竖线，维修完成。

④

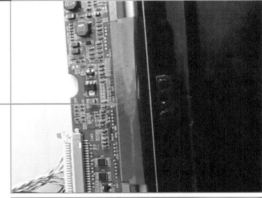

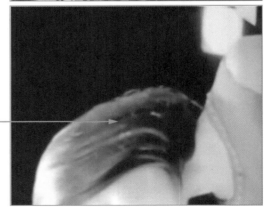

图14-7 液晶电视图像有竖线故障维修（续）

14.8 液晶彩色电视机黑屏故障维修

1. 故障现象

液晶彩色电视机开机黑屏无显示。根据故障现象分析，首先敲击液晶屏幕可以看到有白光，说明背光工作正常，不显示的故障可能由液晶面板逻辑电路故障引起。

2. 故障检测与维修

此故障维修方法如图14-8所示。

① 首先通电测试，开机后屏幕没有显示，接着轻轻敲击屏幕，可以看到一些白光，说明背光是正常的。怀疑故障与液晶屏的逻辑电路有关。

② 接着拆开液晶电视的外壳。

③ 从液晶电视的内部孔可以看到有白光，进一步说明背光是正常的。

图14-8　液晶彩色电视机黑屏故障维修

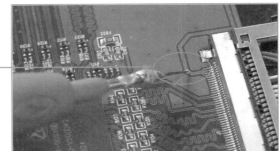

接下来先检测液晶面板的逻辑电路板，首先测量逻辑电路板的12V供电电压是否正常。将万用表调到40V直流电压挡，红表笔接供电引脚测试点，黑表笔接地测量电压。

④

测量的电压值为7.23V，说明供电电压不正常。

⑤

造成逻辑电路板的供电电压低的原因可能是逻辑电路板短路故障引起，或控制电路板中供电电路问题引起。首先排除逻辑电路板是否短路的问题。将数字万用表调到二极管挡，然后红表笔接地，黑表笔接供电引脚测试点测量对地阻值。

⑥

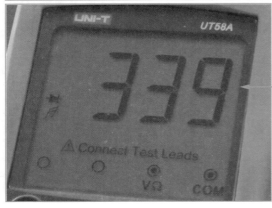

测量的对地阻值为339Ω，说明逻辑电路板中没有短路的故障。如果电压为0或小于100Ω，则说明有短路问题。

⑦

图14-8　液晶彩色电视机黑屏故障维修（续）

接下来在控制电路板中测量给逻辑电路板供电的元器件（场效应管）输出电压。万用表红表笔接输出脚，黑表笔接地测量。⑧

测量的电压值为7.08V，看来此供电电路确有问题。⑨

再测量此供电场效应管输入电压。万用表红表笔接输入脚，黑表笔接地测量。⑩

测量的电压为13.13V，输入电压正常。而输出电压不正常，说明场效应管损坏。⑪

图14-8　液晶彩色电视机黑屏故障维修（续）

接下来将损坏的场效应管拆下，更换一个同型号的场效应管。 ⑫

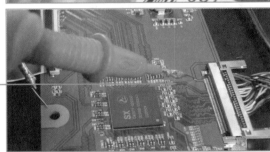

之后通电开机测量逻辑电路板的供电电压。 ⑬

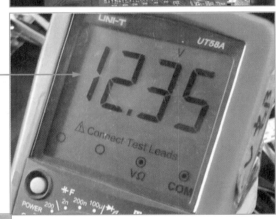

逻辑电路板的供电电压为12.35V。电压变得正常。 ⑭

然后观察液晶面板已经有画面显示，故障排除。 ⑮

图14-8　液晶彩色电视机黑屏故障维修（续）

14.9 液晶彩色电视机因三极管损坏而导致开机无图像但有声音故障维修

1. 故障现象

一台液晶彩色电视机开机后无图像显示，但是有声音，用灯照一下，可以隐隐约约看到图像画面。根据故障现象分析，液晶彩色电视机有声无图，因此判断电源供电板和控制信号电路板正常，故障应该出在背光灯或驱动电路中。

2. 故障检测与维修

此故障维修方法如图14-9所示。

首先将液晶电视机通电，接信号线开机测试。电视有声但无图像，用手机灯照射屏幕，可以看到有图像。说明电源电路板和控制电路板及液晶面板均正常，故障应该出在背光条及驱动电路。

接着拆开液晶电视的外壳，准备检查故障。

看到背光灯条驱动板接了7组灯条，它们是并联的。由于所有背光灯都不亮，判断应该不是背光灯条的问题（因为不可能所有灯条同时损坏）。应该是背光灯驱动电路的问题。

图14-9 液晶彩色电视机开机无图像但有声音故障维修

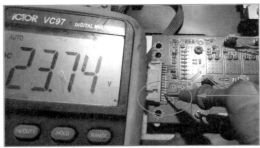

接下来给液晶电视通电，测量驱动电路板的工作电压（此电路板的工作电压为24V，一般为12V）。测量电压值为23.74V，电压正常。 ④

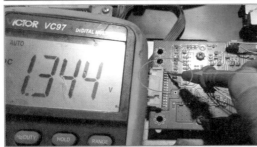

再测量驱动电路板的控制信号电压，测量的电压为1.344V，电压信号正常。 ⑤

然后测量驱动电路板的开关机控制信号电压，测量的电压为3.268V，电压信号正常。控制电路板输出的工作电压及控制信号均正常，看来故障应该出在驱动电路板上。 ⑥

接下来用万用表检查驱动电路板上的元器件好坏。发现有一个QL635的三极管损坏了。将其焊下更换掉。 ⑦

之后通电开机测试，看到液晶屏显示图像，故障排除。 ⑧

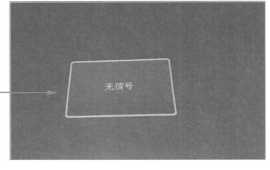

图14-9　液晶彩色电视机开机无图像但有声音故障维修（续）

14.10 液晶彩色电视机开机黑屏指示灯不亮故障维修

1. 故障现象

一台液晶彩色电视机开机黑屏，指示灯不亮。根据故障现象分析，此故障应该先检查电源电路板的供电，然后检查控制电路板。

2. 故障检测与维修

此故障维修方法如图14-10所示。

首先将液晶电视机通电，开机测试。液晶电视机黑屏，指示灯不亮。说明故障可能在电源电路板或控制电路板。

接下来拆开液晶电视机外壳准备检查故障。

然后用万用表直流40V挡，测量电源电路板的输出接口的输出电压。发现3.3V、24V输出电压均正常。说明电源电路板工作正常。

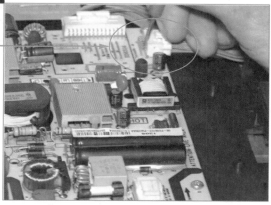

图14-10 液晶彩色电视机开机黑屏指示灯不亮故障维修方法

接着测量控制电路板的输入电压，电压为3.4V，电压正常。 **4**

接着测量开机控制电路，发现一个8脚的场效应管的输入电压为3.4V，输出电压也为3.4V。输出电压不正常。将其焊下后更换，然后测量输出电压变为2.9V。电压正常。 **5**

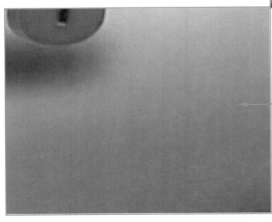

最后给液晶电视机通电开机测试，指示灯亮起，液晶屏正常显示，故障排除。 **6**

图14-10　液晶彩色电视机开机黑屏指示灯不亮故障维修方法（续）

14.11 液晶彩色电视机开机花屏故障维修

1. 故障现象

一台液晶彩色电视机开机后，显示屏花屏无法正常显示，且隐约可以看到电视启动到启动画面后就无法启动了。根据故障现象分析，由于可以正常开机，且液晶屏显示正常，因此可以判断故障是控制电路板问题引起的。

2. 故障检测与维修

此故障维修方法如图14-11所示。

① 首先将液晶电视机通电，开机测试。液晶电视机可以显示，但显示不正常，屏幕花屏，且可以隐约看到启动到一半死机不动了，由此可以判断此故障应该是控制电路板问题引起的。

② 接下来拆开液晶电视机外壳准备检查故障。

由于在启动过程中死机，怀疑主控制芯片有问题。接着给液晶电视机通电，首先检查控制电路板中的主控芯片的供电电压。经检查发现，在晶振边上的一个稳压器的输入电压为3.4V，输出电压为0。标注的正常输出电压应为2.5V。看来是此稳压器坏了，需要更换。

图14-11 液晶彩色电视开机花屏故障维修

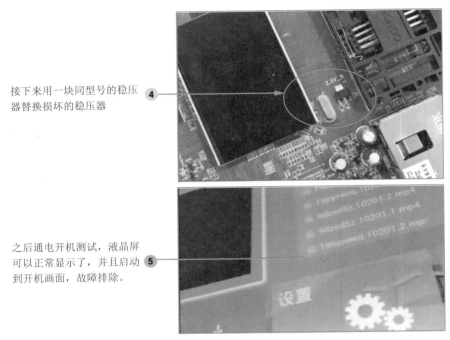

接下来用一块同型号的稳压器替换损坏的稳压器 ④

之后通电开机测试，液晶屏可以正常显示了，并且启动到开机画面，故障排除。 ⑤

图14-11　液晶彩色电视开机花屏故障维修（续）

14.12　液晶彩色电视机因二极管短路而导致开机有声音无图像故障维修

1. 故障现象

一台液晶彩色电视机开机后没有图像，但有声音。根据故障现象分析，电视有声音说明控制电路板正常，开关电源电路板5V供电部分也正常，故障可能出在背光灯条，或背光驱动电路中。

2. 故障检测与维修

此故障的维修方法如图14-12所示。

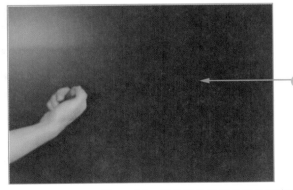

首先给液晶电视机通电，开机测试。液晶电视没有图像显示，用手敲液晶面板也没有白光出现，说明背光灯条没有亮。电视有声音，说明控制电路板及开关电源电路部分正常。 ①

图14-12　液晶彩色电视机开机有声音无图像故障维修

② 接着拆开液晶电视机外壳，准备维修检查。

③ 拆开液晶电视后，发现电源电路板中背光灯驱动电路部分有烧焦的地方。

接着用万用表二极管挡测量烧焦地方的二极管。发现有两个二极管短路损坏。 ④

然后将电路板烧坏的地方清理干净，防止短路。 ⑤

接下来用3A，400V的二极管替换原来2A 200V的二极管。防止再次烧坏。 ⑥

图14-12 液晶彩色电视机开机有声音无图像故障维修（续）

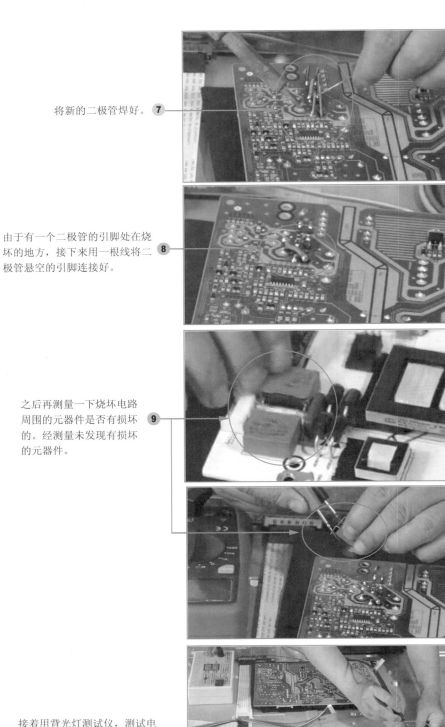

将新的二极管焊好。 **7**

由于有一个二极管的引脚处在烧坏的地方，接下来用一根线将二极管悬空的引脚连接好。 **8**

之后再测量一下烧坏电路周围的元器件是否有损坏的。经测量未发现有损坏的元器件。 **9**

接着用背光灯测试仪，测试电视机的背光灯条是否正常。经测试，两个背光灯条均正常。 **10**

图14-12　液晶彩色电视机开机有声音无图像故障维修（续）

接下来将电源电路板装好，通电开机测试，从背面孔中可以看到背光灯管亮光。说明故障排除。⑪

最后将电视机装好，再次通电开机测试，画面显示正常，完成维修。⑫

图14-12　液晶彩色电视机开机有声音无图像故障维修（续）

14.13　液晶彩色电视机使用中突然黑屏无法开机故障维修

1. 故障现象

一台液晶彩色电视机使用中突然听到"啪"一声，然后变成黑屏，指示灯不亮，无法开机正常使用。根据故障现象分析，发生异响，估计有元器件烧坏，变成黑屏指示灯不亮，说明电源电路板有问题，重点先检查电源电路板。

2. 故障检测与维修

此故障维修方法如图14-13所示。

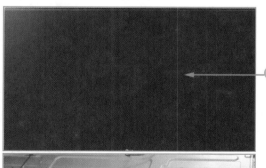

首先给液晶电视机通电，开机测试。液晶电视没有图像显示，指示灯不亮。估计电源电路板有问题，先检测电源电路板。①

接着拆开液晶电视机外壳，准备维修检查。②

图14-13　液晶电视机使用中突然黑屏无法开机故障维修

③ 首先检查电源电路板中的元器件，看看有没有烧坏的元件。经检查发现有一个陶瓷滤波电容烧了个洞。

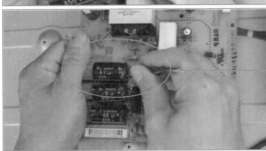

④ 接下来再测量电路板中其他元器件是否损坏。首先将滤波电容两个引脚用镊子或负载短接放电。

接着测量保险管，发现保险管已经烧断损坏。看来是电容烧坏后引起⑤保险烧断。

然后再检测变压器初级连接的整流二极管、滤波电容、开关管、电阻等元器件。未发现损坏的元器件。⑥

图14-13 液晶电视机使用中突然黑屏无法开机故障维修（续）

接着更换同型号的电容 **7**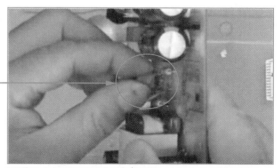

再更换同型号的保险管 **8**

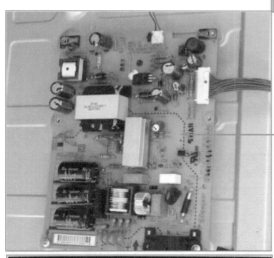

9 之后将电路板安装好，通电开机测试，可以听到开机启动声音，应该是工作正常了。

10 装好液晶电视，然后再开机测试。电视显示正常，可以正常启动，故障排除。

图14-13 液晶电视机使用中突然黑屏无法开机故障维修（续）

14.14　液晶彩色电视机图像显示异常故障维修

1. 故障现象

一台液晶彩色电视机开机后图像中有一块图像显示异常。根据故障现象分析，此类故障通常与逻辑电路板或液晶屏模块问题有关。

2. 故障检测与维修

此故障维修方法如图14-14所示。

① 首先给液晶电视机通电看到液晶屏有一竖条显示不正常。由于电视机可以正常开机显示，说明电源电路板和控制信号板正常。

② 接下来拆开液晶电视机外壳，准备检查。

接着检查下逻辑信号板的两个排线检查，未发现损坏。然后用橡皮擦拭排线接口，并调换安装。③

然后通电测试，故障依旧。看来故障可能是由液晶屏模块引起的。④

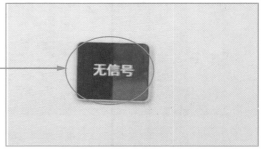

图14-14　液晶彩色电视机图像显示异常故障维修

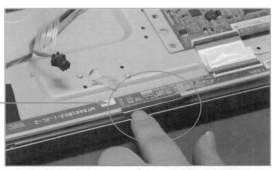

接着拆开液晶屏，然后通电并开机，用手轻轻按压液晶面板信号线，并观察液晶电视画面变化。当按压其中一个屏线时，图像开始跳动，说明此屏线有问题。

(5)

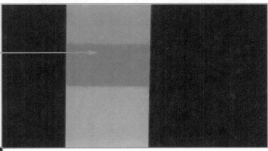

(6) 之后将屏拆开，然后将问题屏线重新压制。

无信号

(7) 最后将液晶屏装好，开机测试，显示正常，故障排除。

图14-14　液晶彩色电视机图像显示异常故障维修（续）

14.15　液晶彩色电视机开机有声音没图像故障维修

1. 故障现象

一台液晶彩色电视机开机后没有图像，电源指示灯亮，且有声音。根据故障现象分析，可以排除电源电路板的问题，此故障一般与逻辑电路板有关。

2. 故障检测与维修

此故障维修方法如图14-15所示。

① 首先给液晶电视机通电开机，看到液晶屏黑屏没有画面显示，但有电视启动有声音。用灯光照射屏幕，可以隐约看到画面，说明控制电路工作正常，背光灯或背光灯驱动电路工作不正常。重点检查背光灯条和逻辑电路板。

② 接下来拆开液晶电视机外壳，准备检查。

首先测量逻辑电路板中的工作电压。发现工作电压为0V，而此工作电压由控制电路板输送过来，看来是控制电路板中控制逻辑电路板的电路有问题。 ③

接着测量控制电路板中连接逻辑电路板的引线插座附近的输出电压。发现控制电压开关的8脚场效应管的输出端电压为0V，输入端电压为12.37V，电压正常；但控制端电压为0V，不正常。 ④

图14-15　液晶彩色电视机有声音无图像故障维修

控制信号由此芯片提供，但此芯片的散
热片是凉的（正常应该微热），说明此
芯片没有工作。⑤

接下来检测控制芯片的供电电压，发现
稳压管输出端电压为0V，输入端电压也
为0V。说明电压输入电路有问题。⑥

⑦然后再检测电压输入电路中的稳压器芯片。发现
输入端电压正常，开机控制信号电压为1.46V，也
属正常；但输出电压为0V，说明此芯片损坏了。

⑧更换一个同型号的芯片。

⑨之后通电开机测试，给逻辑板的12V供电电压正
常。并且可以通过背面的孔看到背光灯亮了。

图14-15　液晶彩色电视机有声音无图像故障维修（续）

10 最后装好电视机，通电开机测试，液晶屏显示正常，故障排除。

图14-15　液晶彩色电视机有声音无图像故障维修（续）

14.16　液晶彩色电视机使用中突然异响后无法开机显示故障维修

1. 故障现象

用户的一台液晶彩色电视机使用中突然发生异响，然后就变黑无法开机使用 。根据故障现象分析，由于使用中突然异响，说明电视机内部可能有零部件损坏了。另外无法开机，指示灯不亮，估计故障与电源电路板有关。

2. 故障检测与维修

此故障维修方法如图14-16所示。

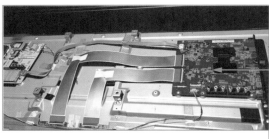

1 首先将电视机通电测试，发现开机后指示灯不亮，无图像显示。接下来拆开外壳检查电路板。

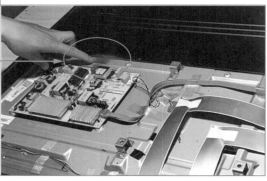

经检查发现电路板有烧黑痕迹，应该有元器件损坏。

2

图14-16　液晶彩色电视机使用中突然异响无法开机显示故障维修

接下来拆下电源电路板，检查电源电路板背面，发现电路板内部的铜片被烧断，还有不少元器件烧坏。③

用无水酒精清洁电路板，修复烧断的电路板铜片。然后用万用表测试电路板上的元器件，更换损坏的三极管、电感、电容、电阻等元器件。④

之后装上电源电路板，开机测试。⑤可以正常开机，故障排除。

图14-16　液晶彩色电视机使用中突然异响无法开机显示故障维修（续）

读 者 意 见 反 馈 表

亲爱的读者：

感谢您对中国铁道出版社的支持，您的建议是我们不断改进工作的信息来源，您的需求是我们不断开拓创新的基础。为了更好地服务读者，出版更多的精品图书，希望您能在百忙之中抽出时间填写这份意见反馈表发给我们。随书纸制表格请在填好后剪下寄到：北京市西城区右安门西街8号中国铁道出版社综合编辑部 荆波 收（邮编：100054）。或者采用传真（010-63549458）方式发送。此外，读者也可以直接通过电子邮件把意见反馈给我们，E-mail地址是：176303036@qq.com。我们将选出意见中肯的热心读者，赠送本社的其他图书作为奖励。同时，我们将充分考虑您的意见和建议，并尽可能地给您满意的答复。谢谢！

- -

所购书名： _____

个人资料：

姓名： _____ 性别： _____ 年龄： _____ 文化程度： _____

职业： _____ 电话： _____ E-mail： _____

通信地址： _____ 邮编： _____

- -

您是如何得知本书的：

□书店宣传 □网络宣传 □展会促销 □出版社图书目录 □老师指定 □杂志、报纸等的介绍 □别人推荐
□其他（请指明） _____

您从何处得到本书的：

□书店 □邮购 □商场、超市等卖场 □图书销售的网站 □培训学校 □其他

影响您购买本书的因素（可多选）：

□内容实用 □价格合理 □装帧设计精美 □带多媒体教学光盘 □优惠促销 □书评广告 □出版社知名度
□作者名气 □工作、生活和学习的需要 □其他

您对本书封面设计的满意程度：

□很满意 □比较满意 □一般 □不满意 □改进建议

您对本书的总体满意程度：

从文字的角度 □很满意 □比较满意 □一般 □不满意
从技术的角度 □很满意 □比较满意 □一般 □不满意

您希望书中图的比例是多少：

□少量的图片辅以大量的文字 □图文比例相当 □大量的图片辅以少量的文字

您希望本书的定价是多少：

本书最令您满意的是：

1.

2.

您在使用本书时遇到哪些困难：

1.

2.

您希望本书在哪些方面进行改进：

1.

2.

您需要购买哪些方面的图书？对我社现有图书有什么好的建议？

您更喜欢阅读哪些类型和层次的计算机书籍（可多选）？

□入门类 □精通类 □综合类 □问答类 □图解类 □查询手册类 □实例教程类

您在学习计算机的过程中有什么困难？

您的其他要求：